Koe SIGNALEN

Praktijkgids voor koegericht management

Jan Hulsen

ROODBONT UITGEVERIJ

VETVICE

Colofon

Auteur
Jan Hulsen, Vetvice®

Redactie
Ton van Schie

Tekstcorrectie
Maud van der Woude

Fotografie
Omslagfoto: Marcel Bekken
Overige foto's: Jan Hulsen
(tenzij anders vermeld)

Tekeningen
Marleen Felius

Vormgeving
Erik de Bruin, Varwig Design

Met medewerking van:
- Dirk Zaaijer (Future Fertility Systems, Delden)
- Joost de Veer (Interact bv)
- Otlis Sampimon (Gezondheidsdienst voor Dieren)
- Menno Holzhauer (Gezondheidsdienst voor Dieren)
- Jan Rietjens (PTC+, Horst)
- Joep Driessen (Vetvice)
- Nico Vreeburg (Vetvice/DC De Overlaet, Oss)
- Bertjan Westerlaan (Vetvice/DAC Oosterwolde, Oosterwolde (F))
- Francesca Neijenhuis (Praktijkonderzoek ASG, Lelystad)

Met dank aan:
Neil Chesterton, Gerrit Hooijer, Paul Hulsen, Aart de Kruif, Dick de Lange, Jos Noordhuizen, Kees Peeters, Thomas Schonewille, Zwier van der Vegte, Bert Veldhuizen, honderden veehouders, vele dierenartsen, bedrijfsadviseurs en voervoorlichters.

ROODBONT UITGEVERIJ
Postbus 4103, 7200 BC Zutphen
Telefoon: (0575) 54 56 88
Fax: (0575) 54 69 90
E-mail: algemeen@roodbont.nl
Internet: www.roodbont.nl

VETVICE
Veldweg 10
5684 NS Best
Telefoon: (0499) 33 06 20
Fax: (0499) 33 06 21
E-mail: info@vetvice.nl
Internet: www.vetvice.nl

ISBN 90-75280-47-5
NUR 940

Inhoud

Inleiding 4

1 Bewust kijken 6
Van groot naar klein 8
Beoordelen van koesignalen 9
Kijk en vergelijk 10
Risicogroepen 12
Indicatordieren 12
Risicoplaatsen 14
Risicomomenten 15
Intentiebewegingen 16
Onbegrepen zaken 17
Anatomie van een koe 18
Risicomanagement 20
Succesfactoren 21

2 In de wei 22
Gezondheid, normaalwaarden en risico's 22
De ultieme grazer 23
Natuurbegrazing en zoogkoeien 24
De zintuigen van koeien 25
Groepsgedrag 26
Liggen en opstaan 28
Tocht 29
Aandacht voor welzijn 30
Klauwen in weiland 31
Bewegingsscore 32

3 In de stal 34
Kijk met vreemde ogen 35
Verschillen tussen dieren 35
Ruimte en rangorde 36
Risicoplaatsen 37
Licht en klimaat 38
Roosters en vloeren 39
Klauwscore 40
Bijzondere klauwproblemen 41
Gevolgen van klauwproblemen 42
Behoefte aan liggen 43
Ligboxen 43
Zien en begrijpen 47

4 Tijdens voeren en vertering 48
Pensscore 50
Mest 52
Mestscore A 53
Mestscore B 54
Rantsoenbereiding 55
Voeropname 56
Plaatsing van voerhek en -bak 57
Water 58
Conditiescore 59
Conditiescorekaart 60
Wat vertelt conditiescoren? 61
Risicogroepen 62

5 In de melkput 64
Meer leren zien 65
Gedrag bij binnenkomst 66
Gedrag bij vertrek 66
Rust bij het melken 67
Gedrag tijdens het melken 68
Reinheid en hygiëne 69
Hakken 70
Klauwen 71
Melk bekijken 72
Speengezondheid 73
Speenscore 74
Pensvulling 75

6 De melkrobot 76
Succesfactoren voor robotmelken 76
Koeverkeer 78
Klauwgezondheid 78
Actieve koeien met vreetdrang 80
Zelfkennis 81
Gezondheid 82
Ziekte en ongemak 83

7 Jongvee en droge koeien 84
Universeel of bedrijfsspecifiek 84
Groei en ontwikkeling 85
Eerste levensdagen 86
Veranderingen 87
Lerende koeien 88
Jongvee-opfok 89
Droogstand 90
Rondom afkalven 93

Nuttige informatie 94
Trefwoorden 95

Overige uitgaven van Roodbont 96

Inleiding

De moderne koeienboer werkt hard en moet heel veel weten. Want er is steeds meer kennis: over koeienverzorging, koeienondernemerschap en koeienhuisvesting. We weten zo veel, dat velen door de bomen het bos niet meer zien. Veehouders en hun adviseurs lopen de kans door schaalvergroting, werkdruk en detailkennis het zicht op de koeien te verliezen. En veehouderij gaat om koeien.

Een koe geeft continu signalen af over welzijn en gezondheid. Dit doet zij via gedrag, houding en lichamelijke kenmerken. Deze koesignalen kunt u gebruiken voor het optimaliseren van de bedrijfsvoering. Het begint met bewust kijken, gevolgd door zoeken naar oorzaken en vertalen naar praktische maatregelen.

De vragen die u zich hierbij steeds weer zou moeten stellen, zijn:

- Wat zie ik?
- Hoe komt dit?
- Wat betekent dit?

Bewuster leren kijken

Deze praktijkgids is samengesteld voor en met melkveehouders en dierenartsen om hen extra handvatten te geven voor het zien en benutten van koesignalen. Met als doel ziektes te voorkomen, welzijn te verbeteren en de productie te optimaliseren.
'Hoe kan ik twee dagen voordat een koe ziek wordt al zien dat er iets mis is?', vroeg een rundveehouder mij laatst, 'dan zou ik dierenartskosten kunnen uitsparen, productieverlies voorkomen en het welzijn van de koe verbeteren.' Eigenlijk raakt deze vraag aan de kernvraag van Koesignalen. De kunst is zo veel mogelijk zaken te zien voordat de werkelijke problemen ontstaan, risico's in te schatten voordat ze slachtoffers eisen en signalen voor ziektes op te merken voordat de ziekte zich openbaart.

Een andere reden om bewuster te kijken naar koesignalen is het gevaar van bedrijfsblindheid. Dit ligt continu op de loer, bij iedereen. Juist hierdoor ontstaat het risico dat u minder goed om u heen kijkt. Bewust beoordelingsmomenten in uw dagelijkse routine inbouwen, kritisch praten met collega's en adviseurs, en het bezoeken van andere bedrijven beperken dit gevaar.

Een boek om te kijken

Koesignalen is geen leesboek. Het gaat om het kijken en nadenken. Vandaar dat ruim 250 foto's en illustraties dui-

delijk tonen wat er zoal aan koeien te zien is. Het kijken naar voorbeelden en zoekplaatjes daagt uit om ook uw eigen koeien met andere ogen te observeren. En bijvoorbeeld de stalruimte juist eens te bekijken door de ogen van de koeien.

Bij de indeling van dit boek is bewust niet uitgegaan van bedrijfsonderdelen, disciplines of onderdelen van de koe. U vindt dus geen hoofdstuk over poten en klauwen, huisvesting of melkproductie. Het boek gaat uit van de plaats waar u waarnemingen doet en het doel waarvoor u kijkt.
Poten en klauwen komt u bijvoorbeeld op diverse plaatsen tegen, steeds (soms letterlijk) vanuit een ander oogpunt: zo kijkt u in de stal naar de beenstand, in de wei kunt u de beweging goed beoordelen, in de melkput ziet u de voor-, zij- en achterkant in detail. En tijdens klauwbekappen presenteert de onderkant zijn informatie.

Deze opzet van *Koesignalen* zal u stimuleren om meermalen door het boek te 'grazen'. Zo pikt u er steeds weer een nieuw onderwerp uit. De overzichtelijke trefwoordenlijst achter in het boek dient hierbij als zoekhulp.

Veel kijk- en leesplezier.

Jan Hulsen,
auteur, dierenarts en koeienliefhebber

'Dat je iets niet weet,
dat kan gebeuren.
Maar dat je iets niet ziet,
dat is dom.'

Een boer.

HOOFDSTUK 1

Bewust **kijken**

Neem dagelijks de tijd om goed naar het vee te kijken.

Alles waarnemen wat je maar kunt waarnemen aan een koe, een kalf of een stier en aan groepen runderen. Signalen oppikken die een koe continu uitzendt: dát is de uitdaging van koegericht management. De informatie kun je vervolgens gebruiken om welzijn, gezondheid en productie van je dieren optimaal te maken, en te houden. En dat betaalt zich terug!

Om te begrijpen waarom een koe zich op een bepaalde manier gedraagt, moet je soms letterlijk in de huid van het dier kruipen. Zolang dit niet kan, moet je vooral proberen alle signalen van de koe op te vangen. Koesignalen bevatten belangrijke informatie voor de bedrijfsvoering.

Waarnemen is iets anders dan kijken. Je kunt immers ergens naar kijken zonder dingen écht te zien. Bewust kijken levert informatie op die de bedrijfsvoering direct kan verbeteren.

Bewust kijken doe je op twee manieren:

1. **Gericht kijken**
   Je gaat op zoek naar dingen om te zien. Hierbij kijk je of zaken goed gaan én je controleert situaties die een risico in zich dragen.
2. **Onbevangen kijken**
   Je vergeet alle excuses en verklaringen, en kijkt rond alsof je op bezoek bent op een volslagen onbekend bedrijf.

Vragen stellen

Stel bij alles wat je ziet de volgende vragen:

Wat zie ik?
Geef een objectieve beschrijving.

Hoe komt dit?
Ga op zoek naar de oorzaak.

Wat betekent dit?

a. Is het een signaal van één dier of is er met meer dieren iets aan de hand (koppelsignaal)?

b. Is het gunstige informatie of moet ik ingrijpen?

In de afweging 'is dit gunstige informatie of moet worden ingegrepen?' toets je de waarneming aan een normwaarde. Deze normen zijn in dit boek koesignalen, omdat deze een meetwaarde geven van het doel: een tevreden, gezonde en productieve koe.
In de dagelijkse praktijk worden veel normen uitgedrukt in meetbare eenheden, zoals centimeters (ligboxen) en kilogrammen (strooisel, structuurhoudend voer). Dit zijn afgeleide normen, want ze geven informatie over het middel en niet over het doel. Tien centimeter zacht strooisel is bijvoorbeeld een middel om tot goed ligcomfort te komen. Maar hetzelfde doel kun je bereiken met een zachte mat of een zandbed. Daarom moeten deze normen altijd ter discussie staan.
De meetpunten die ieder in de praktijk kiest hangen samen met de eigen situatie. Je kiest maar een paar meetpunten die het belangrijkst zijn en die je kunt beïnvloeden. Hierdoor kunnen meetpunten verschillen en veranderen.

1. Wat zie ik?
Een kalfje zuigt aan een ander kalfje.

2. Hoe komt dit?
Het kalfje heeft een zuigbehoefte en bevredigt deze. Meestal heeft zij hiervoor één vast maatje.

3. Wat betekent dit?
De tepels van het bezogen kalf kunnen gekneusd raken en hierdoor vatbaar worden voor infecties en vergroeiingen.

Beste oplossing:
Zet het zuigende kalf apart, want het blijft altijd zuigen.

1. Wat zie ik?
Al deze drachtige pinken hebben beschadigde hakken.

2. Hoe komt dit?
De dieren verwonden zich tijdens het liggen op een harde, ruwe ondergrond. Dit probleem wordt versterkt door te kleine ligboxen.

3. Wat betekent dit?
De dieren hebben pijn bij het lopen en kunnen ontstekingen ontwikkelen. Ze zullen niet graag gaan liggen.

Oplossing:
Vergroot de boxruimte en zorg voor een zachte bodem.

Kijken doe je van groot naar klein. Eerst beoordeel je de gehele koppel, vervolgens groepen binnen de koppel en uiteindelijk het individuele dier. En ook weer terug. Elk dier en elke groep dieren geeft zijn eigen informatie.

Van groot naar klein

Kijken doe je van groot naar klein, van veel naar weinig, van veraf naar dichtbij. Maar dingen die je in detail opvallen, kun je alleen goed beoordelen in hun context. Dus je kijkt ook van klein naar groot. De meeste mensen hebben de neiging om dichterbij te gaan als ze iets interessants zien, terwijl het vaak beter is om eerst enkele stappen terug te doen.

Deze kalveren verkiezen de buitenste rij ligboxen boven de middelste dubbele rij. Kijk in zo'n geval kritisch naar het comfort en het klimaat.

Het waarnemen begint met de grootste groep dieren, vervolgt met kleinere groepen binnen de grote groep, om uit te komen bij het individuele dier. En hierbij kijk je gericht, onbevangen en stel je jezelf vragen, zoals:
Is de koppel uniform? Zo nee, waarin schuilt het verschil tussen de dieren? Is dat kleur? Glans? Ontwikkeling? Bevuiling? Conditie? Buikvulling? Of iets anders? Welke dieren wijken af? Behoren deze tot een risicogroep? Hoe zijn de dieren verdeeld over de stalruimte? Hebben ze voorkeur voor bepaalde delen van de stal, bijvoorbeeld omdat de ligboxen er comfortabeler zijn of omdat het klimaat er beter is? Hoeveel koeien staan in de looppaden, hoeveel zijn er in de ligboxen? Welk deel van de koeien in de ligboxen ligt? Haalt dat het minimum van 85 procent?
Checklisten verlenen hierbij goede steun.

Beoordeling van de koppel

- Verdeling over de ruimte
- Gebruik van looppaden en ligboxen
- Drukte, opstoppingen, conflicten
- Uniformiteit

Beoordeling van het dier

- Alertheid
- Glans en gladheid vacht
- Ontwikkeling
- Bevuiling
- Conditie
- Pens-/buikvulling
- Huidbeschadigingen
- Zwellingen, pijn
- Gedrag
- Houding en beweging
- Productie
- Is er iets veranderd? En overige details.

Beoordelen van koesignalen

Voor het goed beoordelen van koesignalen moeten deze worden geplaatst in een context. Dat wil zeggen dat je nadenkt over het verband tussen de omstandigheden, de koe zelf en het koesignaal.

Echte signalen herhalen zich

Een werkelijk koesignaal herhaalt zich. Als een koe één keer het melkstel aftrapt, hoeft dit niets te betekenen. Doet dezelfde koe dit vaker, dan wordt dit dier niet graag gemolken. Waarom niet? Als meerdere koeien het melkstel aftrappen, kan er een gemeenschappelijke oorzaak zijn, zoals: blindmelken, te hoog vacuüm, speenbeschadigingen of overlast van bijtende vliegen. Je vraagt je dus af: gebeurt het vaker, op andere tijden, bij andere koeien, op andere bedrijven?

Waarom doet de koe wat ze doet?

Er zijn ruwweg drie redenen waarom een koe iets doet:

1. Het gedrag levert een **positieve bevrediging** op. De koe wil het. Voorbeelden: gaan eten, liggen, nieuwsgierig zijn.
2. Het gedrag is een **reactie op een prikkel** uit de omgeving, waarbij ze pijn probeert te ontwijken. Denk aan wegduiken voor stroomdraad, weglopen voor mensen en dominante koeien.
3. Het gedrag heeft als achtergrond **lichamelijke dwang**, door ziekte, pijn, hormonen of bijvoorbeeld het afkalfproces.

De vraag 'Waarom doet een koe wat ze doet?' levert dus waardevolle antwoorden op.

Door risicodieren of dieren die eerder een signaal afgaven duidelijk te merken, zijn ze snel te vinden tijdens een stalcontrole. Om deze reden doen sommige veehouders verse koeien een halster aan, een dek op of gebruiken ze een merkstift.

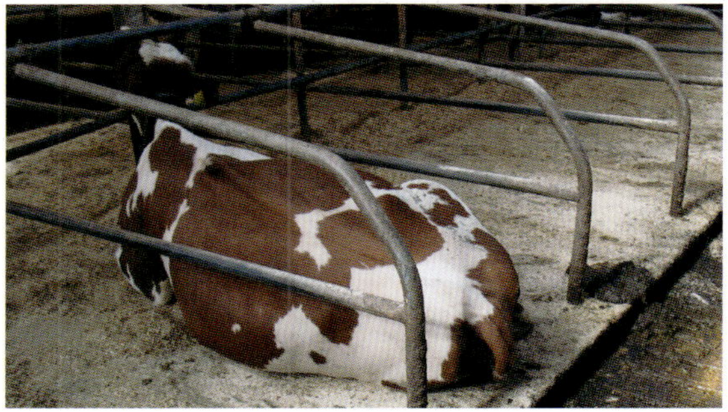

Veel boeren hebben een hekel aan mest in de ligbox. Toch moet in tien procent van de ligboxen mest liggen. Want als zelfs de (kleine) vaarsjes niet in de box mesten, liggen de grote koeien met hun achterstel te ver boven de roosters.

Kalveren die op de roosters willen gaan liggen, zullen dit niet doen omdat het hek er ligt. Maar waarom willen ze dit? Heeft het te maken met rangorde, ligboxcomfort, stalklimaat, ligboxklimaat of overbezetting?

Staan koeien graag met de voorpoten hoger dan met de achterpoten? Dit wordt soms gesuggereerd. Op een helling zie je dit gedrag nauwelijks. Er zijn zowel koeien te zien die omhoog grazen als naar beneden. Liggen doen ze vlak of met het voorstel iets hoger.

Voldoende licht en overzicht in de stal zijn noodzakelijk om alle dieren goed te kunnen bekijken. Hier verhindert het centrale bouwsel het overzicht.

Kijk en vergelijk

Als je niet weet of iets normaal is of niet, vergelijk het betreffende dier dan eerst met een andere koe of een ander kalf. Doe dit eerst op het eigen bedrijf en ga vervolgens ook eens bij en met anderen kijken. Een vergelijking met geheel andere situaties kan ook tot nuttige informatie leiden.

Bereid voor

In de stal neem je waar met ogen, neus en handen. 'Papieren' informatie werkt ondersteunend, zoals attentielijsten, melkproductiegegevens en een vruchtbaarheidsziektekaart. Notities van vorige controles, lijsten met aandachtspunten en aandachtsdieren helpen bij het kijken. Kijken begint dus in het kantoor.

Werk gestructureerd

Koegericht management staat of valt bij regelmaat en structuur in het kijken. Loop daarom vaste controlerondes met controlelijsten. Werk met een dag- en een weekschema om de tijd effectief en efficiënt te benutten. Deze waarnemingen komen bovenop andere contactmomenten, zoals melken en voeren.

Zorg dat álle dieren aandacht krijgen:

- Kijk drie keer daags naar droge koeien, hoogdrachtige vaarzen en naar het melkvee.
- Kijk twee keer per dag naar al het jongvee op stal en naar jongvee dat drachtig moet worden.

Investeer in gewoontes

Gewoontes en kleine gemakjes spelen een belangrijke rol in de kwaliteit van de dagelijkse controles. Loop ook altijd langs het jongvee en de droge koeien. En ga het liefst over de roosters en niet alleen voor het voerhek langs. Doorsteekjes in het voerhek helpen om snel bij de dieren te komen. Een handige opstelling van de klauwbekapbox zorgt ervoor dat je gauw even onder een klauw kunt kijken. Allemaal voorbeelden van kleine dingen die veel kunnen opleveren.

Voldoende licht betekent: overal in de stal zonder moeite de krant kunnen lezen.

Belangrijk is het leggen van een relatie tussen oorzaak en gevolg. We zien het gevolg (bult op de rug) en zoeken naar de oorzaak (ligbox). De koe op de linkerfoto heeft overigens ook weinig gegeten en lijkt de linkerachterpoot te ontlasten.

Waardevolle geheugensteuntjes

Niemand kan alles precies onthouden. Leg zaken daarom vast. Werk met een boekje, een schoolbord of met een computer. Met gegevens van voorgaande waarnemingen in de hand vallen nieuwe waarnemingen in een verband. Op plaatsen waar meer dan één persoon werkt, is rapportage een goede manier om informatie uit te wisselen. Opschrijven dwingt bovendien tot helder en eenduidig formuleren van wat je ziet. En het draagt bij aan nog bewuster kijken.

Tekortkomingen in de ligboxen veroorzaken als eerste dikke hakken en huidbeschadigingen bij grote en zware koeien en bij koeien die moeilijk lopen.

Drachtige pinken zijn gevoelig voor mineralentekorten, doordat zij veelal niet worden bijgevoerd. Dit uit zich onder meer in weerstandsvermindering bij afkalven (mastitis), aan de nageboorte staan en in de geboorte van slappe kalveren.

Hoogproductieve dieren zijn kwetsbaar. Zij fungeren vaak als signaaldier voor de koppel.

Risicogroepen

Bepaalde groepen runderen lopen meer risico's dan andere. Dieren in risicogroepen geven als eerste signalen af dat er iets niet in orde is. Zie je een afwijking bij een dier in een risicogroep, dan moet er een belletje gaan rinkelen: andere dieren zullen waarschijnlijk vergelijkbare verschijnselen hebben. Het is een koppelsignaal.
Elk risico heeft zijn eigen risicogroepen en elke groep heeft zijn eigen risico's. Zeer hoogproductieve koeien laten bijvoorbeeld eerder problemen met het rantsoen zien. Risico's zijn er altijd. Het is de kunst ze te beperken, tijdig te signaleren en snel te reageren, zodat ze geen grote schade aanrichten.

Indicatordieren

Als bepaalde risico's het eerst zichtbaar worden bij bepaalde groepen runderen, dan kun je deze groepen gebruiken om deze risico's te controleren. De koeien in de risicogroep zijn op dat moment indicatordieren. Een voorbeeld: twijfel je aan de toegankelijkheid van het ruwvoer omdat de stalruimte te klein is, dan controleer je dit aan de dieren die het eerste problemen krijgen: de vaarzen. Valt hun productie en voeropname tegen, dan is dit een aanwijzing dat er meer ruwvoer beschikbaar moet zijn.

Risicogroepen, risico's en koesignalen

Enkele - willekeurige - voorbeelden van risicigroepen en de koesignalen om ze te controleren

Risicogroep	Risico	Koesignaal
Pasgekalfde koeien	Baarmoederontsteking Uierontsteking	• Sloomheid • Koorts (>39,0 °C) • Zwelling, uitvloeiing
	Kalf-/melkziekte	• Traag, weinig eten/drinken • Koude oren • Spierverslapping, niet kunnen opstaan • Geen koorts
	Onvoldoende energieopname	• Sloomheid • Slecht gevulde pens (score ≤ 2) • Acetongeur in adem en melk • Verschil vet-eiwit gehalte (>1)
Tochtige koeien	Onvoldoende energieopname	• Weinig pensvulling • Korte totale vreettijd
	Beschadigingen	• Activiteit van tochtige koe • Onrust en vluchtreacties in de stal
Kalveren zonder longworm-bescherming	Longwormziekte	• Hoesten • Vermagering

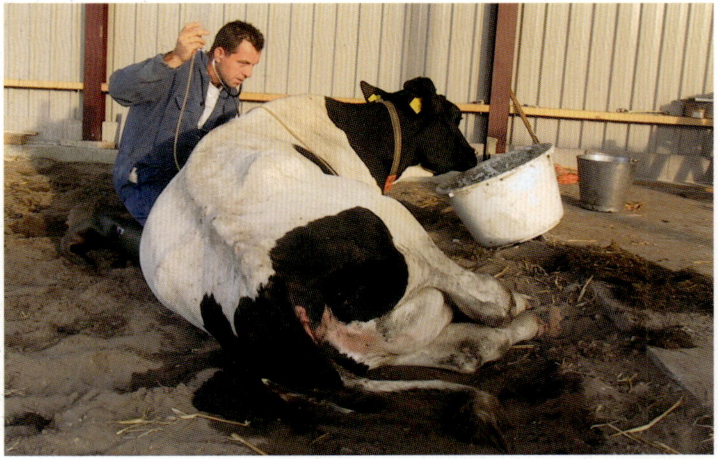

Deze koe heeft melkziekte/kalfziekte. Dit signaal kan betekenen dat alle droge koeien een groot risico lopen op melkziekte en dat droogstand- en afkalfmanagement kritisch bekeken moeten worden.

Grote koeien vertellen het eerst dat de bovenkant van het voerhek te laag zit. Controleer de nekken van de grote koeien bij twijfel aan de juiste hoogte van het voerhek.

Risicoplaatsen

Naast risicodieren zijn er ook risicoplaatsen aan te wijzen in een bedrijf. Dit zijn plaatsen waar dieren mogelijk schade of nadelige gevolgen ondervinden van hun omgeving. Risicoplaatsen vragen om een regelmatige controle en afweging. Breng verbeteringen aan als het risico van schade te groot is.

Voorbeelden van risicoplaatsen

- Een lang, hard kavelpad. Sterke afslijting van de klauwen en mogelijk kneuzing door losliggende steentjes.
- Weide. In de wei zijn koeien ontzettend gevoelig voor weersinvloeden. Zon, wind en regen leiden gemakkelijk tot onvoldoende voer- en wateropname.
- Een voerhek. Door het veelvuldig gebruik door de dieren kunnen kleine onvolkomenheden tot grote problemen leiden bij bijvoorbeeld wegvluchten.
- Koude, natte ligplaats voor kalfjes. Kalveren zijn zeer gevoelig voor tocht en vocht.

De glooiende slootkant vormt het leefgebied van de leverbotslak. Het risico op leverbot neemt sterk toe op momenten dat aan de waterkant het lekkerste gras groeit. Koeien en schapen samen laten grazen vergroot het risico, omdat schapen en geiten grote hoeveelheden leverboteieren kunnen uitscheiden.

De aanpassing die hier is gemaakt, verkleint het koude- en tochtrisico voor de kalveren. De plank aan de muur kan in koude perioden worden neergeklapt. Aldus ontstaat een comfortabel microklimaat voor het kalf.

Risicomomenten

Risicomomenten staan voor periodes waarin een vergroot risico bestaat op ziekte, aandoeningen en ongemak. Dit kan samenhangen met het seizoen, de leeftijd en het lactatiestadium. Controleer tijdens deze risicomomenten extra. In de meeste gevallen spelen stress en veranderingen een belangrijke rol tijdens risicomomenten. Stress zorgt voor een daling van de voeropname en van de weerstand.

Het is essentieel om risicomomenten goed voor te bereiden en te begeleiden. Wat gaat er gebeuren? Vaak kunnen voorzorgen worden genomen om dieren probleemloos de risicoperiode te laten doorlopen. Tijdig reageren op problemen kan ernstige gevolgen voorkomen. Bedenk vooraf hoe je meet of alles goed gaat en hoe je problemen zo vroeg mogelijk herkent.

Voorbeelden van risicomomenten

- Droogzetten
- Nieuwe dieren in de koppel
- Afkalven
- Voerwisseling
- Weersverandering
- Veehouder is afwezig of druk
- Bijeendrijven
- Warme periode
- Mestmixen
- Onrust

Tochtigheid brengt risico met zich mee, voor de tochtige koe én voor andere koeien. Met name in de stal glijden koeien gemakkelijk uit, met het gevaar van botbreuken, speenbetrapping en ander trauma. Vastzetten van de tochtige koe voorkomt veel onheil.

Jonge kalveren maken veel veranderingen mee. Denk aan spenen, verhokken en mengen van koppeltjes. Een kritische controle van de groei en ontwikkeling, en van het welzijn helpen om de beste werkwijze te kiezen.

Aan het lange haar van deze pink te zien is het herfst. Staat er nog voldoende smakelijk gras? De buikvulling van het dier vertelt dat ze niet genoeg heeft gegeten.

Waarom doen deze koeien niet wat ze willen doen? De vaars staat niet op omdat de schoftbomen in de weg zit. Mogelijk is ook de bodem te glad. De koe in de potstal ervaart de hoge traptreden als een hindernis.

Intentiebewegingen

Een koe wil iets gaan doen, maakt hiertoe aanstalten en dan stopt ze. Waarom doet deze koe niet wat ze wil doen? Welke omstandigheid, welke prikkel heeft haar van haar gedachten afgebracht?

Als u intentiebewegingen leert herkennen en blokkades leert vaststellen, levert dit waardevolle kennis op over onderlinge relaties binnen een koppel, over huisvesting of over de gezondheid van een koe.

De ene koe zoekt naar eten, de andere kijkt voor zich uit terwijl er speeksel op haar mond komt te staan. Het lijkt erop dat de dieren best nog wat willen eten, maar geen trek hebben in de voerresten in de bak.

Zoekplaatje

Wat vertelt deze koe?

Het actieve ogen- en orenspel suggereert schrikachtigheid. Ze lijkt voorzichtig te lopen. Mogelijke oorzaken: gladde roosters, kreupelheid, veel strijd in de koppel. Ook tekorten (bijvoorbeeld magnesium) en vergiftigingen (bijvoorbeeld lood) kunnen dit beeld geven.

Onbegrepen zaken

Alle interessante waarnemingen waarvoor niet direct een verklaring is, vormen een zéér waardevolle categorie koesignalen. Hiervoor is een verzamelnaam bedacht: Onbegrepen Zaken die Opvallen, ofwel OZO's. Dit kunnen op het eerste oog onbetekenende dingen zijn die bij bewust kijken steeds in je gedachten blijven hangen.
Natuurlijk hoeft niet elke opvallende zaak schade op te leveren. Maar zeker na het herkennen van een (mogelijk) schadelijke OZO ga je op zoek naar een verklaring. Hoe komt dit? De speurtocht begint bij jezelf. Kun je zelf geen verklaring verzinnen, ga dan langs adviseurs en collega's, raadpleeg boeken en kijk op internet. De zoektocht naar de verklaring eindigt hopelijk met de uitroep: 'Oh, zit dat zo!'

Ook bij onbegrepen zaken die opvallen doorloop je de drie stappen ter beoordeling van de koesignalen:

1. Beschrijf exact wat je ziet.
2. Vraag je af wat de oorzaak ervan is of vraag het een ander.
3. Stel vast welke invloed het verschijnsel heeft op welzijn, gezondheid en productie en besluit om wel of geen actie te ondernemen.

Voorbeeld 1

1. *Deze koe drinkt modderwater als ze uit de wei wordt gedreven.*
2. *Ze doet dit omdat ze dorst heeft en gemakkelijk bij dit water kan. Is ze de enige die dit doet? (Sommige koeien likken en drinken om onbegrepen reden)*
3. *Vuil water kan ziektekiemen en gifstoffen bevatten. Het gedrag is dus ongewenst. Schoon drinkwater aanbieden op een centraal punt in de wei kan de oplossing zijn.*

Voorbeeld 2

1. *De linker koe steekt haar neus in de luchtinlaat en lijkt ook naar buiten te kijken.*
2. *Ze doet dit om frisse lucht op te snuiven en uit nieuwsgierigheid.*
3. *Een stal moet voldoende luchtverversing hebben, want een melkkoe produceert veel warmte en moet deze via haar ademhaling afvoeren. Juist de neus moet voortdurend in frisse lucht zijn. Een open zijkant van de stal (rechter foto) zorgt voor luchtverversing en voor uitzicht naar buiten.*

Anatomie van een koe

Om een koe goed te begrijpen en erover te praten is enige kennis van de bouw van het dier belangrijk. Waar zit de knie bijvoorbeeld? Praten we nu over de voorknie? Wat zijn dwarsuitsteeksels, hongergroeven, banden, koekoeksgaten en ophangbanden? Naast informatie over de bouw van een koe is het ook van belang dat je weet waar bepaalde aanduidingen voor staan. De schofthoogte bijvoorbeeld.

Zelfs boeren met jarenlange ervaring kunnen er weleens naast zitten als het gaat om de exacte benoeming van onderdelen. Het zou jammer zijn als dit het begrip van *Koesignalen* in de weg zou staan. Daarom aan het eind van dit hoofdstuk een lesje anatomie (zie de afbeeldingen op deze en de volgende pagina).

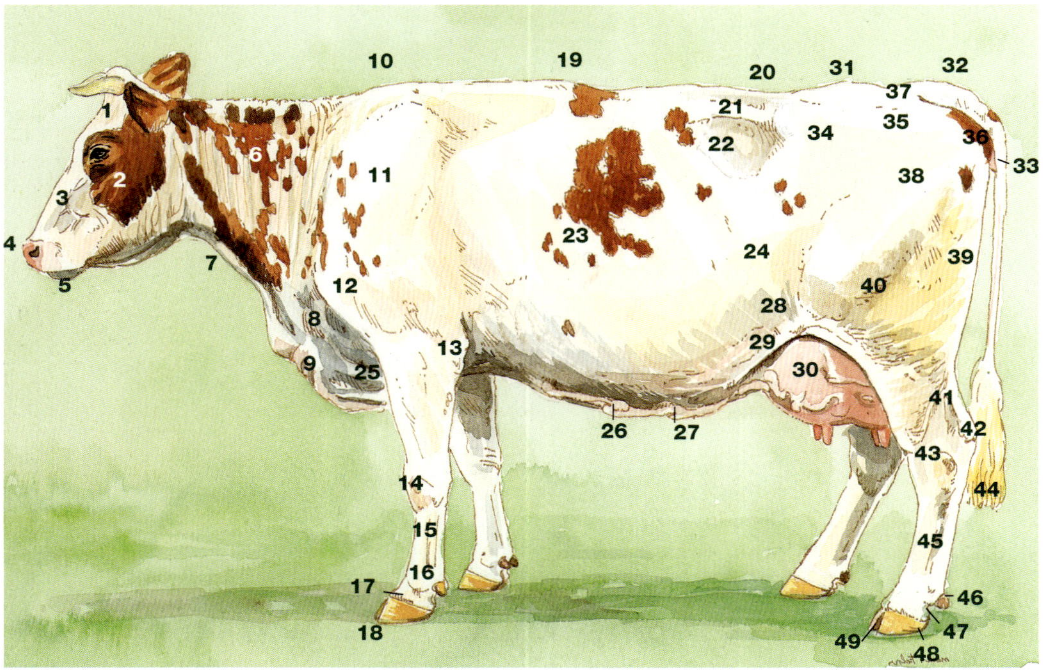

1 voorhoofd
2 wang
3 neusrug
4 neusspiegel
5 kin
6 halsvlakte
7 keelplooi
8 voorborst
9 kossem
10 schoft
11 schouder
12 boeg
13 elleboog
14 voorknie
15 voorpijp
16 kogel
17 kroonrand
18 klauwen
19 rug
20 lendenen
21 dwarsuitsteeksels lendenwervels
22 honger- of pensgroeve
23 borstwand, ribben
24 flank
25 borstbeen
26 melkader
27 navel
28 vang
29 liesplooi
30 vooruier
31 kruis
32 staartwortel
33 kling (schede, vagina)
34 heupknobbel
35 (kruis)plaat
36 zitbeenknobbel
37 banden
38 draaier (heupgewricht)
39 dij (broek)
40 achterknie
41 achillespees
42 hak(bot)
43 hak- of spronggewricht
44 staartpluim
45 achterpijp
46 bijklauw
47 kootholte
48 klauwbal
49 tussenklauwspleet

Het skelet

1 neusbeen
2 bovenkaak
3 onderkaak
4 halswervels
5 ribben
6 rugwervels
7 borstbeen
8 lendenwervels
9 kruisbeen
10 staartwervels
11 heupknobbel
12 zitbeen
13 bekken
14 schouderblad
15 schouder- of boeggewricht
16 opperarmbeen
17 elleboog
18 onderarmbeen
19 voorpijp
20 kogelgewricht
21 kootbeen
22 kroonbeen
23 klauwbeen
24 heupgewricht
25 dijbeen
26 knieschijf
27 kniegewricht
28 sprong- of hakgewricht

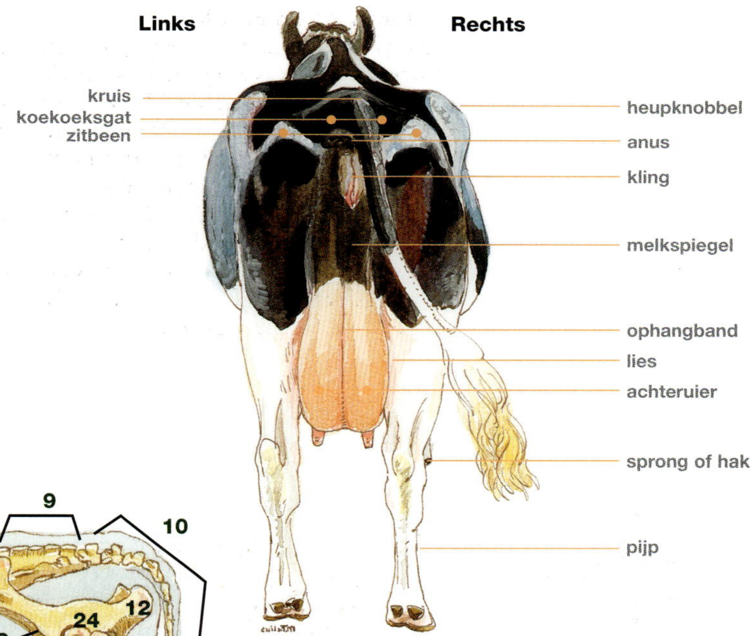

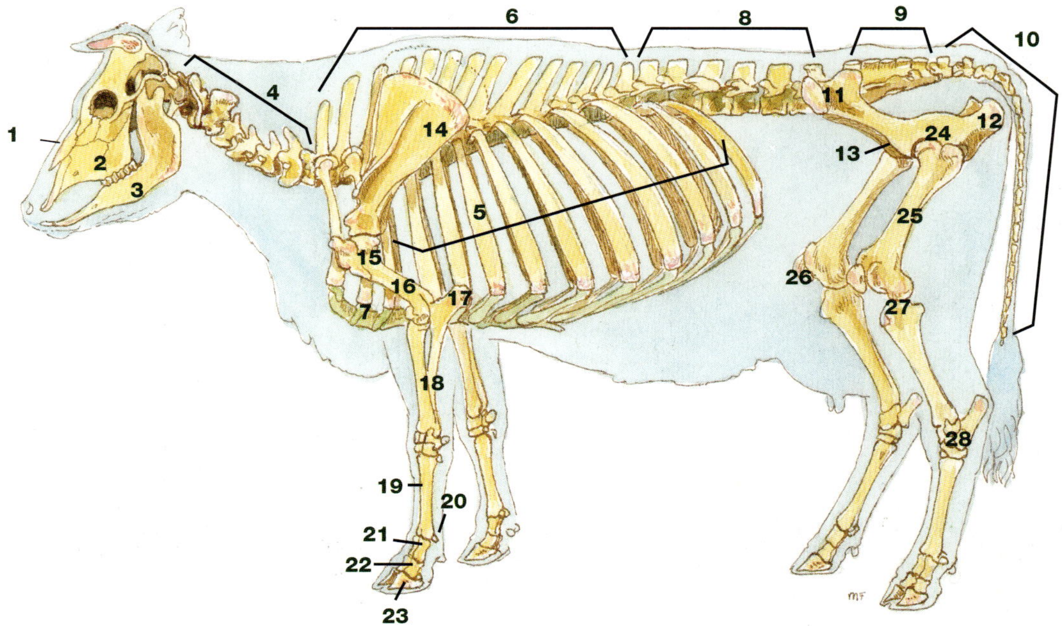

Van achteren gezien heeft de koe een pappelvorm: rechts een peervorm vanwege het gewicht van de darmen of door het kalf. Links een appelvorm, hier zit de pens.

Risicomanagement

Risico's zijn voor een groot deel te beïnvloeden. We onderscheiden twee soorten risico's: bekende en onbekende. Voor de bekende risico's moet een veehouder zijn huiswerk goed doen. Door actief risicomanagement kun je bekende risico's beheersen. Om onbekende risico's het hoofd te bieden is het zaak voortdurend alert te zijn. De schade die risico's veroorzaken, hangt af van de doeltreffendheid van de reactie.

Preventie en schadebeperking

Preventie	Hoe?	Voorbeelden
= vermindering van de kans dat het risico optreedt.	• Zeker stellen van succesfactoren.	• Uitstekend kuilvoer en uitkuil- en voermanagement.
	• Risicoverminderende handelingen inbouwen in de dagelijkse routines.	• Alle koeien laten afkalven in een schone, praktische en overzichtelijke ruimte. • Gesloten bedrijfsvoering (geen vee aanvoeren).
	• Hulpmiddelen en huisvesting van hoge kwaliteit.	• Een goed werkend vastzetvoerhek. • Een goed bereikbare, goed werkende bekapbox plus scherpe klauwmesjes binnen handbereik.
	• Voortdurende alertheid en controle.	• Cursussen volgen en vakliteratuur bijhouden. • Bereidheid om te veranderen. • Tweemaal per dag een controleronde langs jongvee en droge koeien. • Structureel bedrijfsblindheid proberen te voorkomen.

Het risico treedt op

Schadebeperking	Hoe?	Voorbeelden
= zorgen dat de schade door het optreden van het risico minimaal blijft.	• Zo vroeg mogelijk signaleren. • Zo vroeg mogelijk ingrijpen. • Zo effectief mogelijk ingrijpen.	• Goede controles. • Discipline. • Kennis, vaardigheden, hulpmiddelen en mogelijkheden in huis hebben.

Succesfactoren

Het opsporen van fouten en het vermijden van risico's zijn belangrijke stappen in de verbetering van de bedrijfsvoering. Maar ook zonder dat kun je je bedrijf blijven verbeteren. Een succesvol bedrijf onderscheidt zich immers niet in de eerste plaats door de afwezigheid van fouten, maar door goede beheersing van de basisvoorwaarden voor succes.

Ondernemers van bedrijven die goede resultaten boeken, richten zich op succesfactoren binnen het bedrijf. Deze succesfactoren zijn afhankelijk van de bedrijfsdoelen. Een van de bedrijfsdoelen kan zijn: koeien die gemiddeld 10.000 liter melk geven, veel ruwvoer eten en gezond blijven.
Deze algemene omschrijving kan in de praktijk neerkomen op koeien met:

- een goede gezondheid, met name klauwen en poten;
- een passend genetisch vermogen, qua lichaamsbouw en productie;
- capaciteit om veel voer te eten en dit goed te benutten.

En een bedrijfsvoering met:

- hoogwaardig risicomanagent;
- optimaal voeraanbod van goede, smakelijke producten in de juiste verhouding;
- goede huisvesting en uitstekende zorg.

Succesfactoren nalopen

Bewust nalopen van de succesfactoren is het belangrijkste onderdeel van een dier- en stalcontrole. Je controleert of alles op dít moment goed gaat (procescontrole, gezondheidscontrole) en in de nabije toekomst goed zal blijven gaan (risicobeheersing).

Een bedrijf kan zich ontwikkelen tot een topbedrijf door de bedrijfsvoering te ontdoen van fouten, de risico's te beheersen en zich vervolgens te richten op fijnregeling van bedrijfsprocessen. De koetypen die rechts in de figuur staan vermeld, geven aan welke koeien het beste bij de betreffende bedrijfsvoering passen.

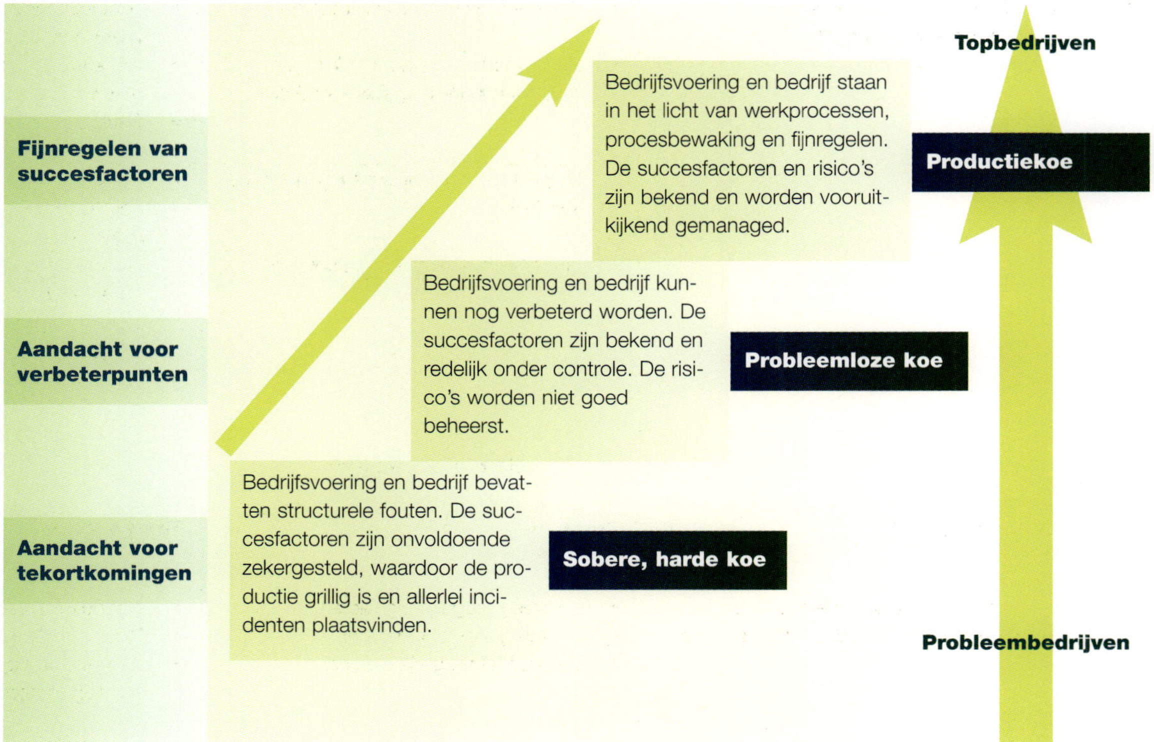

HOOFDSTUK 2

In de wei

In de wei heb je weinig werk bij de koeien, dus zie je ze minder vaak. Controlerondes zijn dan van groot belang.

De wei vormt een prettige omgeving voor het rund. Weiland benadert de natuurlijke situatie, maar is niet ideaal. Veel van het natuurlijke gedrag van koeien is in de wei te zien. Dit geldt voor sociaal gedrag, zoals spelen, groepsgedrag en rangordegedrag. Ook de bewegingen van de koe zijn het meest natuurlijk in de wei. Je kunt zien hoe een gezonde koe gaat liggen, staat en graast.

Niet gehinderd door boxen, smalle looppaden en dergelijke is de wei een omgeving waar je ook als boer goed kunt zien hoe een koe zich voelt. Welke koesignalen kun je zien als je de tijd neemt om over het hek de wei in te kijken of tussen de koeien te lopen?

Gezondheid, normaalwaarden en risico's

Kijken naar dieren in de wei geeft informatie over normaal gedrag en normale behoeften. De wei dient vaak als 'gouden standaard' voor het inrichten van stallen en koegericht management.

In de wei schuilen ook gevaren die in de stal niet voorkomen. Denk aan maag-darm- en longwormen, ziekte-overdracht tussen koppels door 'over-de-draadcontacten'. Drachtig jongvee en droge koeien lopen de grootste risico's, onder meer doordat deze groepen niet of nauwelijks bijvoeding krijgen. De manier van lopen, de pensvulling en afzonderingsgedrag kunnen een signaal zijn om enkele of groepen dieren extra in de gaten te houden.

De ultieme grazer

Zwaaiend met haar kop vreet de koe al het gras binnen haar bereik op. Vervolgens zet ze enkele passen en herhaalt ze dit. Van smakelijk gras neemt een koe ongeveer één kilogram droge stof per uur op.
Om het links en rechts vreten ook aan een voerhek mogelijk te maken moet de voergoot tien tot vijftien centimeter hoger liggen dan de standplaats.

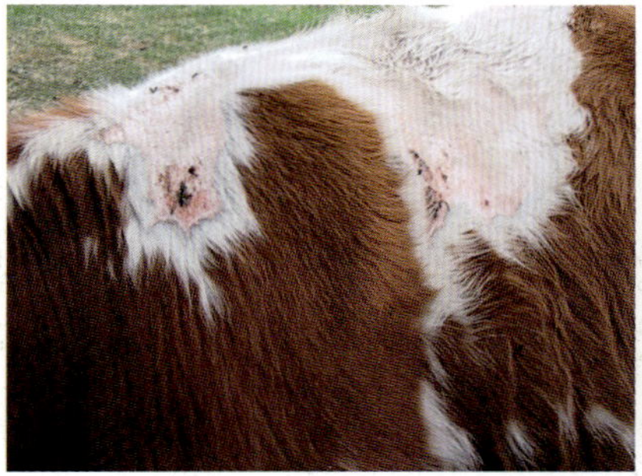

Zonnebrand treedt op bij een overgevoeligheid van de witte huid. Oorzaak: een onvoldoende functionerende lever of bepaalde planten (sint-janskruid, boekweit). Patiënten zijn erg ziek en moeten zo snel mogelijk in de stal, uit het directe zonlicht.

Op zonnige, hete momenten zoeken de koeien koelte in de schaduw. Bij extreem weer vreet vee snel te weinig gras. Pensvulling is dan een belangrijk controlepunt.

Controles bij weidegang

Tijdens de weidegang zijn controles in de wei onmisbaar. Enkele dierkenmerken vragen extra aandacht.

- **Haarkleur, glans, afwijkend gedrag en diarree.** Ziekte, ongemak en pijn tonen zich het eerst door afwijkend gedrag. Het dier is sloom, heeft moeite de koppel te volgen, eet en drinkt minder of op andere momenten en zondert zich af.
- **Pensvulling, buikvulling en conditiescore.** Deze zaken vertellen iets over respectievelijk de voeropname van vandaag, de afgelopen dagen en de afgelopen weken.
- **Homogeniteit in de koppel.** Zijn er verschillen tussen de dieren? Welke zijn dat? Hoe komt het? Wat betekent dit?
- **Graasgedrag.** Graasgedrag geeft signalen over voeropname, van de risico's van giftige planten en inwendige parasieten. Waar eten de dieren en wat eten de dieren?
- **Specifieke controles.** In het voorjaar eisen afkalven en geboortes aandacht, gevolgd door vruchtbaarheid en drachtigheden. Let in periodes van minder gewasgroei op de voeropname. Ook de mineralenvoorziening vraagt op vaste momenten aandacht.
- **Opvallende zaken.** Let in ieder geval op verwondingen en beschadigingen, teken, vliegenlast, jeuk, oogontsteking, uierontsteking en kreupelheid.

Deze stier heeft jeuk door een luizenbesmetting. Met zijn horens krabt hij zijn ribben kaal, zijn achterstel heeft hij met zijn tong meermalen gelikt.

Infectiedruk tijdens weidegang

Specifiek graasgedrag heeft grote invloed op de risico's van een gebied. Als de dieren maar een klein stuk begrazen, neemt de infectiedruk van maagdarm- en longwormen sterk toe. Dit graasgedrag kan optreden als je bijvoert en als er weinig drinkplaatsen zijn.

Eikels

Koeien eten niet of nauwelijks giftige planten. Alleen als er te weinig voer is en ook in hooi/kuilvoer vreten ze het op. Er is één uitzondering: eikels. Koeien vinden eikels heerlijk. Rijpe eikels bevatten nauwelijks gifstoffen. Onrijpe eikels zijn echter giftig en veroorzaken maagdarmklachten, diarree en sterfte.

Natuurbegrazing en zoogkoeien

Begrazing in natuurweiden heeft zijn eigen kenmerken. De kwaliteit van de grassen loopt sterk uiteen en er groeien kruiden, struiken en bomen. Ook het terrein is veel afwisselender dan een weiland.
Als veehouder moet je, net als je dieren, wennen aan een gebied. Dit betekent intensieve controles in het begin. Aanvullende onderzoeken, zoals bloedonderzoek, mestonderzoek en secties, kunnen veel kennis opleveren.
De dieren moeten kennismaken met de afrastering, water vinden en een groepsrangorde vaststellen.
Bij veel natuurvee is het moeilijk om een of enkele runderen uit een groep te halen. De koppel blijft voortdurend gesloten, afgezonderde dieren proberen direct terug te komen. Oplossing: sluit de koppel als geheel op en pak vervolgens in de koppel het dier dat je nodig hebt.

Zoekplaatje *Wat gebeurt hier?*

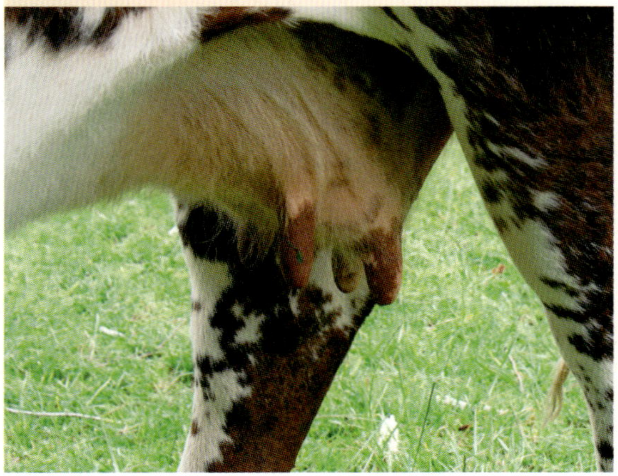

Deze uier is volledig leeggezogen. Vaak glimt de tepelhuid dan van het speeksel. De vastgeplakte grasspriet heeft kneusplekjes, er is op gekauwd. Hij komt uit de mond van het kalf dat gezogen heeft.

In droge jaren grazen de dieren op de plaatsen waar nog gras groeit: de natte stukken. Hierdoor ontstaat, naast een grote besmettingsdruk van maagdarm- en longwormen, een verhoogd risico op leverbot. Deze gevaarlijke parasiet verspreidt zich via waterslakjes die aan de waterrand leven.

De zintuigen van koeien

Ook wat betreft de waarnemingen van de koe moet je je verplaatsen in het dier. Dit is niet eenvoudig, omdat koeien nu eenmaal anders in elkaar zitten dan mensen.

Koeien horen anders dan mensen

Waar mensen het best horen tussen 1.000 en 4.000 Herz, hoort een koe het best rond 8.000 Herz. Ze horen hogere tonen dus beter dan wij en horen geluiden die wij niet horen. Hun stemgeluid en waarschuwingsroepen liggen in het best waarneembare gebied. Mensen kunnen waarschijnlijk beter beoordelen waar geluid exact vandaan komt dan koeien.

Geen voer dat stinkt

Koeien kunnen uitstekend ruiken en geuren spelen een belangrijke rol in hun gedrag. Zo kiezen ze hun voer voornamelijk op de geur. Mest vinden ze zeer afstotend. Rundvee graast niet rondom de eigen mestflatten, alleen als het echt moet (als het voer beperkt is). Het ontstaan van 'mestbossen' in de wei is dus natuurlijk en de afwezigheid ervan kan duiden op voergebrek. Ook de geur van speeksel vinden ze vies. Op stal moeten voer en voerbak dus heerlijk fris ruiken, zonder mestgeurtjes, speeksel of snot van andere koeien.

Stand van de ogen

Doordat de ogen aan de zijkant van de kop zitten, ziet een koe vrijwel haar hele omgeving. Slechts een klein stuk, recht achter haar achterwerk, ligt verscholen. Alleen in het gebied recht voor haar kop kan ze afstanden inschatten, omdat ze dit met twee ogen waarneemt. Om die reden is het verstandig een schuwe koe van opzij of schuin van achteren te naderen, want dan ziet ze niet goed dat je dichterbij komt. Een makke koe benader je juist van voren, want zij wil je juist heel goed zien. Met name veraf zien koeien minder scherp dan mensen. Ook licht en donker ervaren koeien anders dan mensen (zie hoofdstuk 3).

Een kennismaking tussen koe en hond, waarbij de koe haar belangrijkste zintuigen inzet: ogen, oren en neus.

Vanwege de geur vermijdt vee tijdens het grazen de mestflatten. Zo ontstaan de bekende mestbossen.

Het kijkbereik van de koe. Alleen recht voor de neus kijken koeien driedimensionaal en kunnen ze dus goed afstanden schatten.

Koeien stemmen hun gedrag op elkaar af. Ze eten tegelijkertijd, ze liggen tegelijkertijd.

Met dreiggedrag wordt de rangorde subtiel bevestigd. Hier dreigt de rechter koe naar de linker koe; die toont onderdanigheid.

Groepsgedrag

Koeien zijn kuddedieren. De meeste gedragingen vinden normaliter binnen de kudde tegelijkertijd plaats. De leiders starten met grazen en alle dieren volgen. Dit is te zien op melkveebedrijven. Als de koeien 's morgens in de wei komen, gaat de hele koppel eten en vervolgens liggen. Enkele uren later staan de dieren samen op en beginnen ze te grazen, allemaal met de kop dezelfde kant uit. Na verloop van tijd vervaagt dit beeld en zijn verschillende activiteiten naast elkaar te zien.

Koeien stemmen hun kuddegedrag af op het daglicht: na zonsopgang eten, midden op de dag liggen, 's avonds weer eten. 's Morgens voeren sluit het best aan bij dit natuurlijke gedrag.

Groepen binnen een koppel

Binnen een kudde heerst een rangorde. Elk dier verkeert meestal in een groep van tien tot twaalf dieren. Op een bedrijf bevat deze groep vaak leeftijdsgenoten die gezamenlijk zijn opgegroeid. De kleine groep maakt onderdeel uit van een koppel van vijftig tot zeventig runderen. Men denkt dat dit het maximale aantal dieren is dat een koe kan onthouden.

Ook een natuurlijke kudde bestaat uit meerdere koppels, van volwassen koeien en van kalveren, van pinken en eventueel jonge stiertjes. Natuurlijke kuddes hebben de neiging uiteen te vallen als ze groter worden dan tweehonderd dieren.

Sociale rangorde

De sociale rangorde tussen koeien kan sterk verschillen in opbouw. Als er geen strijd is om voer of ruimte, zal de rangorde eenvoudig zijn en bestaan uit een rechte lijn. Bijvoorbeeld in een weiland met voldoende gras. Hoe groter echter de strijd in de koppel, hoe complexer de rangorde.

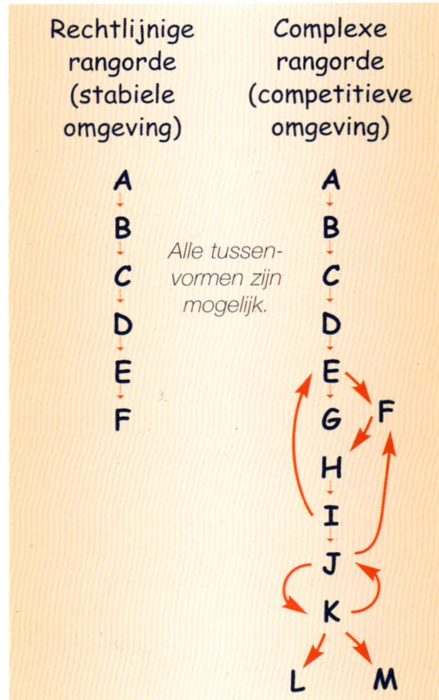

Een rangorde hoeft niet rechtlijnig te zijn. Zeer complexe rangordes komen in grotere koppels vaak voor, onder druk van strijd om voer en ruimte.

Bron: Cattle Behaviour (Beilharz and Mylrea, 1963)

Carrière maken

Rangorde gaat om het recht als eerste te mogen vreten. Naast het karakter van de koe bepalen leeftijd, grootte en gewicht de plaats in de rangorde. Oudere koeien staan meestal bovenaan, vaarsjes beginnen onderaan. De dominante koeien worden omringd door ranglage dieren.

Koeien strijden regelmatig om hun positie te verbeteren of te behouden. Conflicten spelen zich vooral af tussen dieren die vrijwel gelijk staan in rang. Bij introductie van nieuwe dieren vindt ook een rangordestrijd plaats, die meestal is beslecht in de loop van een dag. Via kleine signalen bevestigen koeien voortdurend hun plaats. Een dominante koe kan dit met een zwaai van haar kop doen, waarop een ondergeschikt dier reageert met een vluchtintentie. Voor een soepele sociale omgang is voldoende ruimte nodig, zodat de dieren elkaar kunnen ontwijken en duidelijk hun dominantie of onderdanigheid kunnen tonen.

Genegenheid en angst

Elkaar likken bevestigt de sociale band en speelt geen rol in de rangordebepaling. Ook loeien niet. Met loeien zegt een dier vooral 'Hier ben ik'. Dit is belangrijk bij moeder en kalf, bij stieren en bij dieren die van hun koppel zijn afgezonderd. Tochtig en hongerig vee loeit ook.

Elk dier heeft een denkbeeldige persoonlijke ruimte of vluchtzone om zich heen. Binnen deze ruimte reageert de koe altijd op een indringer door te vluchten, te socialiseren of aan te vallen. De grootte van deze ruimte varieert. Rustige koeien in een omgeving met weinig strijd hebben een kleine persoonlijke ruimte. Er zit ook verschil tussen rassen. Bedreigende ontmoetingen met onbekende mensen en dieren of koeien met horens, geven aanleiding tot een grotere vluchtzone. Rust ontstaat door zekerheid en vertrouwen. Zekerheid over voerbeschikbaarheid, vluchtwegen en vertrouwen in het gedrag van de mens. Vandaar de schrikachtigheid bij koeien op gladde vloeren, bij kreupelheid en bij onvoorspelbare verzorgers. Als je vaak tussen je vee komt, worden de dieren rustiger. Schuw vee kun je vaak dichter benaderen in een auto of een tractor dan te voet. Je bent dan minder bedreigend. Jongvee is altijd banger dan volwassen vee. Door nieuwsgierigheid en goede ervaringen leert het minder bang te zijn.

Weergave van de persoonlijke ruimte van een koe. Zodra iemand de denkbeeldige donkergroene ruimte binnentreedt, zal de koe aanvallen of vluchten. Alleen echte vrienden worden toegelaten.

Stieren zijn altijd gevaarlijk, met name stieren met een kleine vluchtzone.

Liggen en opstaan

Het opstaan en gaan liggen van een koe in de wei vertelt welke bewegingsruimte een ligbox in de stal haar moet geven. De kop moet voldoende ruimte hebben om te strekken. De voorhand van een koe weegt het meest: zestig procent van het lichaamsgewicht. De juiste plaatsing van de poten, met voldoende grip, is van belang om zo min mogelijk energie en kracht te verspillen. Een mogelijkheid om de voorpoot iets naar voren te plaatsen is hiervoor ook noodzakelijk.

- *Allereerst tilt de koe haar kop op en brengt haar voorpoten onder haar borstkas.*
- *Ze strekt haar kop ver weg, als tegengewicht voor haar achterstel. De voorpoten werken als balanceerpunt. Deze koe is nu ruim drie meter lang.*
- *De achterpoten worden onder het lichaam gezet. Haar kop raakt bijna de grond.*
- *De kop wordt weer ingetrokken en de koe zet een voorpoot naar voren om goed in balans te blijven.*
- *Ten slotte wordt de vierde poot geplaatst en kan het dier gaan lopen. Maar niet voordat ze zich even uitrekt.*

Een tevreden liggende koe houdt haar kop schuin naar voren. Vaak heeft ze een voorpoot vooruitgestoken.

Tocht

Een vruchtbaarheidscyclus duurt 18 tot 25 dagen (gemiddeld 21). Goede tochtwaarneming vraagt geduld en volledige rust in de koppel. Tweemaal daags dertig minuten kijken levert soms meer op dan driemaal daags twintig minuten. Zo'n zestig procent van de tochtigheden speelt 's nachts, slechts de helft van de koeien vertoont een staande tocht en de tochtigheden duren bij veel koeien korter dan een halve dag, tot soms maar vier uur. Stieren en hoogdrachtige koeien zijn heel bruikbaar om tochtig vee op te sporen.

Tochtsignalen

Ook tocht is te scoren. De volgende lijst is hierbij handig, maar uiteindelijk gaat het natuurlijk om het totaalbeeld. Als een koe in een etmaal vijftig tot honderd punten scoort, is zij zeer waarschijnlijk tochtig. Boven de honderd punten is dit nagenoeg zeker. Insemineer de koe twaalf uur na het trekken van de conclusie.

Slijmen	**3 punten**
Onrust/vechten	**5 punten**
Besprongen door anderen, blijft niet staan	**10 punten**
Snuffelen/likken aan kling van andere koe	**10 punten**
Kin op kruis van andere koe	**15 punten**
Andere dieren bespringen	**35 punten**
Andere dieren bespringen aan kopkant	**100 punten**
Staande tocht	**100 punten**

Bron: Van Eerdenburg (2003)

1.

1. *Koeien die ook een verhoogde oestrogeenspiegel hebben, reageren het duidelijkst op een tochtige koe. Soms tonen zij ook tochtigheidsgedrag. Dit zijn midcyclische koeien (tien tot twaalf dagen na de tochtigheid), hoogdrachtige koeien en dieren met afwijkende eierstokken (cysten).*

2. *De kin op het kruis van een andere koe leggen is een intentiebeweging om die koe te bespringen. Hiermee behoort dit gedrag tot de sterkere tochtigheidssignalen.*

3. *Hier vlucht de besprongen koe weg, wat betekent dat de springende koe waarschijnlijk tochtig is.*

4. *De besprongen koe staat nagenoeg stil. Zij is tochtig.*

5. *Ook de toestand van de baarmoeder en de eierstokken vertelt over de tochtigheid. Dit is rectaal te voelen, maar vereist veel kennis en ervaring. De baarmoeder trekt zichzelf samen bij aanraking. Uit de schede vloeit helder, dradentrekkend slijm. Eén eierstok (zelden twee) bevat een grote follikel (eiblaas). Na de eisprong is de gesprongen eiblaas voelbaar.*

2.

3.

4.

5.

Vliegen en dazen veroorzaken veel ongemak, vooral in gebieden met veel struikgewas. De onderste foto toont een regen-daas, omgeven door steekbulten van andere regen-dazen. Vliegenbestrijding vermindert de onrust en het ongemak bij de koeien. Ook daalt hierdoor het risico van zomerwrang (een uierinfectie) en hauw (een ooginfectie).

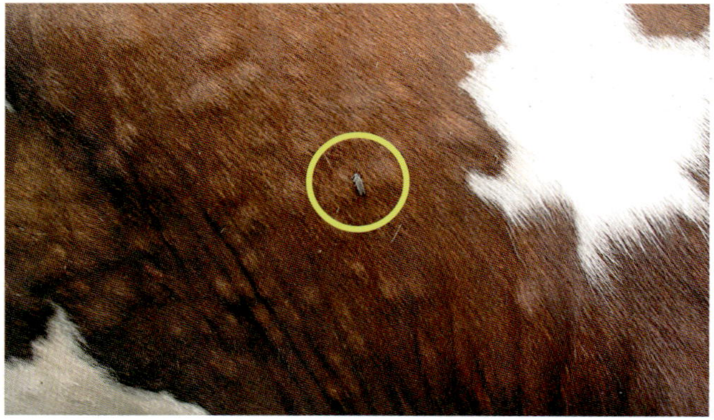

Aandacht voor welzijn

Hoewel de wei de meest natuurlijke omgeving is voor runderen, blijft ook hier aandacht voor het welzijn nood-zakelijk. Als veehouder kunt u hier niet altijd iets aan doen. Wind, regen en nattigheid zijn onvermijdelijk. De dieren stellen beschutting zeer op prijs. Ze moeten in ieder geval altijd een droge ondergrond hebben om op te liggen.

Ook in de wei moeten de koeien volop schoon drinkwater kunnen krijgen. Dat is hier niet het geval. De koe rechts heeft een slecht gevulde pens. Beide andere koeien hebben ook een geringe buikvulling en zullen dus niet maximaal produceren.

Klauwen in weiland

De wei vormt een gezonde omgeving voor de klauwen. De bodem is zacht en biedt veel zijdelingse steun. Ook liggen er weinig kiemen op de loer die de klauwgezondheid bedreigen.
Maar de koe legt vaak een hele afstand af, naar de wei en terug. Daarbij loopt ze meestal in colonne over een hard pad. Door het lopen over een ruwe ondergrond slijten de klauwen sterk af en liggen kneuzingen op de loer. Vooral in natte periodes, als de klauwen verweken.
Ook in de colonne heerst een rangorde. Dominante koeien 'duwen' en 'stoppen af'. Hardhandig opdrijven leidt tot conflicten, schrikreacties en abrupt afzetten. De koeien zien niet waar ze hun poten plaatsen.
Een goed pad is veerkrachtig, zonder uitsteeksels zoals steentjes. En opdrijven hoort kalm te gebeuren.

Het kavelpad is een risicoplaats voor klauwkneuzingen. Of dit nu een verhard of een onverhard kavelpad is. Oplossingen: zorg voor goede klauwgezondheid, laat het kavelpad goed afwateren, haal losse steentjes weg, drijf de koeien heel rustig op, neem bij bekappen niet te veel hoorn weg en kies zacht materiaal als ondergrond.

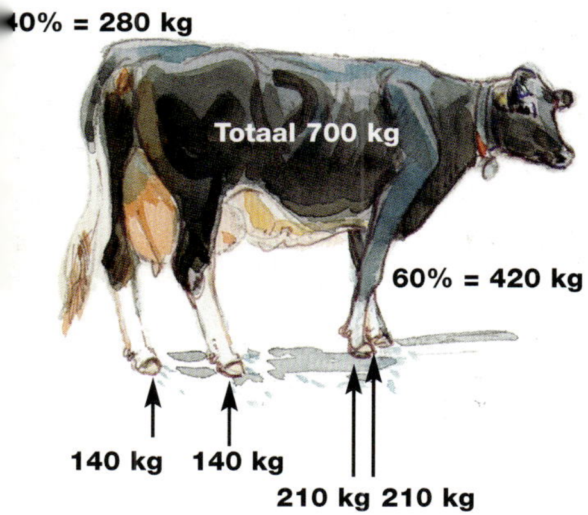

Elk been van een koe draagt een stevige last. Deze gewichtsverdeling geldt als het dier vierkant stilstaat. Tijdens het lopen neemt de belasting fiks toe: het dier zet zich af en staat voortdurend op drie benen. Door stinkpoot groeit de achterbuitenklauw harder dan de binnenklauw, met als gevolg een grotere gewichtsbelasting van deze buitenklauw.

Het liggedrag in de wei geeft informatie over de lichamelijke gesteldheid van de koeien. Kreupele en stramme koeien liggen minder rechtop, in een borst-buikligging. Bovendien hebben ze veel meer de neiging op hun zij te gaan liggen dan vitale, gezonde dieren. En ze dragen hun kop lager.

Bewegingsscore

De volgende scoringsmethodiek is bruikbaar voor individuele koeien én om een beeld te krijgen van de koppelgezondheid. Zorg ervoor dat de koeien hierbij over een vlakke, harde ondergrond lopen met voldoende grip. Onderneem actie als het percentage score 2 en 3 toeneemt. Aandachtspunten: infectiedruk, bekappen en voeding.

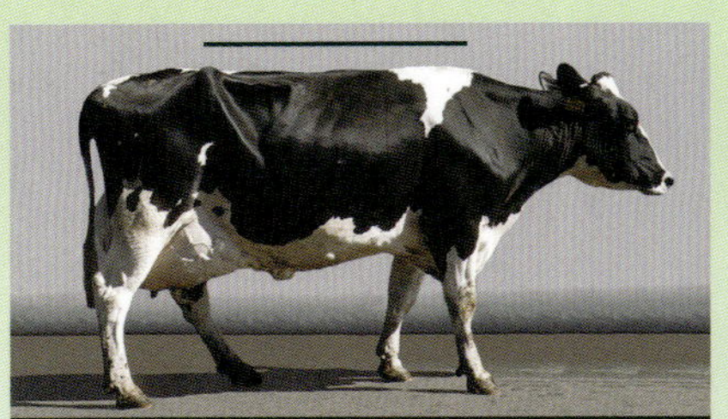

Rug in stilstand: vlak en horizontaal

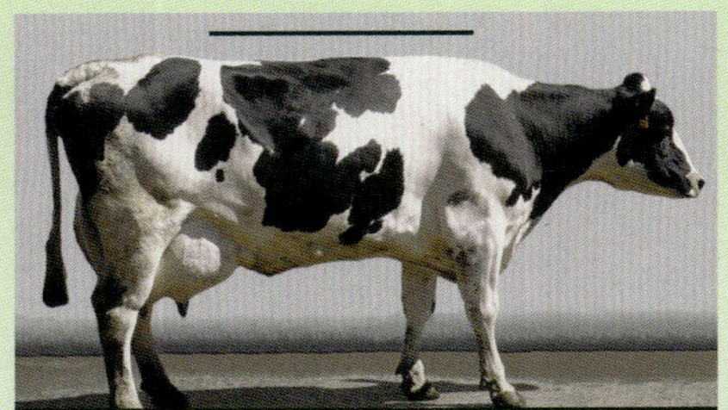

Rug in stilstand: vlak en horizontaal

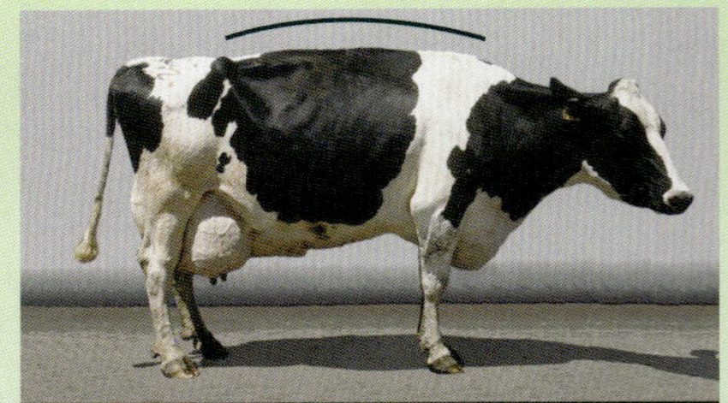

Rug in stilstand: krom

Rug in beweging: vlak en horizontaal

Rug in beweging: krom

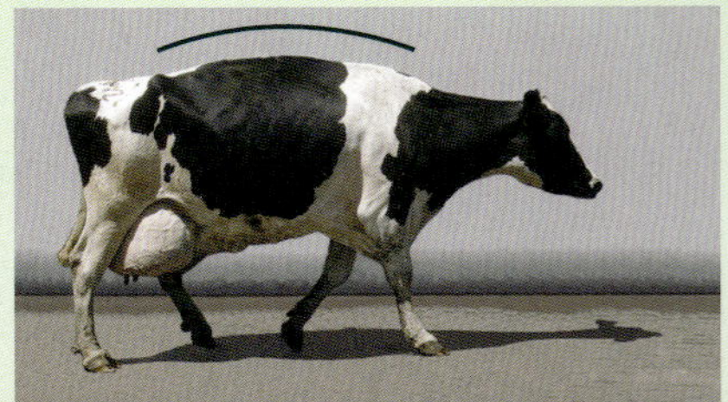

Rug in beweging: krom

Bewegingsscore 1

De gezond lopende koe
Het dier staat en loopt normaal. Ze zet alle klauwen doelbewust neer, de achterklauwen op de plaats waar de voorklauwen stonden.
Conclusie: dit is goed.*

Bron: Steven L. Berry, DVM, MPVM, Univ. of Davis, CA, en Zinpro® Corporation. (1997)

Bewegingsscore 2

De licht afwijkende gang
De koe staat normaal, maar kromt de rug als ze gaat lopen. Haar kop hangt lager en verder van het lichaam. De gang is licht afwijkend.
Conclusie: deze koe heeft aandacht nodig.*

Bewegingsscore 3

De lichte kreupelheid
Zowel in stilstand als tijdens het lopen kromt de koe de rug. Ze maakt met één of meer poten korte stapjes.

Conclusie: de koe behoeft vandaag een effectieve behandeling.*

Rug in stilstand: krom

Rug in stilstand: krom

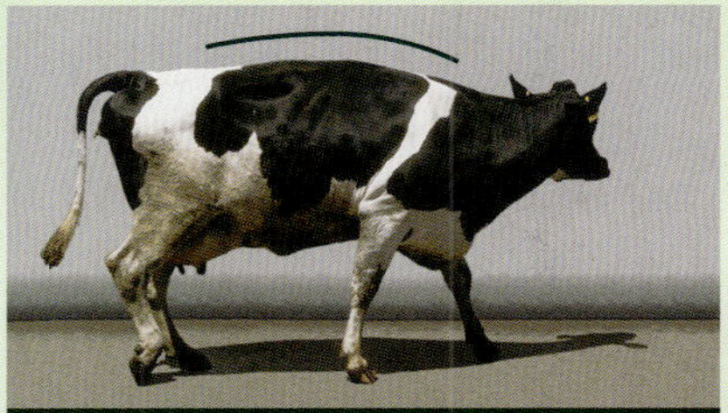
Rug in beweging: krom

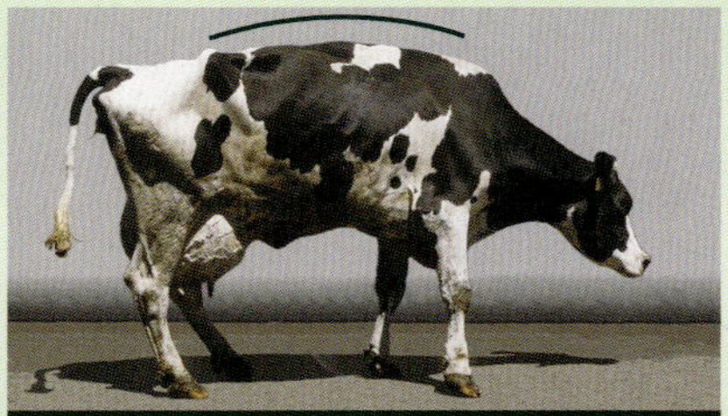
Rug in beweging: krom/niet te beoordelen

Bewegingsscore 4

De kreupele koe
Het dier ontlast één of meerdere klauwen. Ze houdt haar rug krom, zowel in stilstand als in beweging.

Conclusie: dit is een zieke koe, die zo snel mogelijk adequaat moet worden geholpen en verpleegd.*

Bewegingsscore 5

De ernstig kreupele koe
Het dier heeft een kromme rug. Ze weigert op een bepaalde klauw te staan of hinkt. Ze blijft liggen of heeft grote moeite om op te staan.

Conclusie: deze ernstig zieke koe heeft intensieve verpleging nodig en ziektekundige hulp.*

* Conclusies zijn afkomstig van de auteur.

Zoekplaatje *Welk poot is kreupel?*

De koe 'valt' op de gezonde voor- of achterpoot. Ze gebruikt hierbij haar kop als zwaaigewicht om de zere poot te ontlasten.

- Bij kreupelheid van een van de voorste poten gooit ze de kop omhoog als ze de zere poot belast en laat ze de kop naar beneden vallen als ze op de gezonde poot landt.
- Bij kreupelheid van een van de achterste poten zwaait ze de kop naar beneden bij het belasten van de zere poot. De kop gaat omhoog als ze op de gezonde poot gaat staan. De voorpoten dienen als balanceerpunt.

Deze koe is rechtsvoor kreupel.

Type kreupelheid en oorzaak

- Belastingskreupelheid: pijn in botten en gewrichten, veelal aan de uiteinden van de poten. Beweging doet geen pijn, belasting wel. De koe zwaait de poot soepel naar voren, maar belast deze zo min mogelijk.
- Bewegingskreupelheid: pijn in pezen of spieren. Juist de beweging doet zeer. Het dier probeert de poot zo min mogelijk te bewegen, maar heeft geen moeite om erop te staan. Ook mengvormen komen voor.

HOOFDSTUK 3

In de **stal**

Een stal met voldoende licht en rustende dieren. Maar wel zeer vol.

Duurzame veehouderij betekent een optimaal welzijn, gezondheid en productie van de dieren. In ons klimaat staan de koeien minstens zes maanden per jaar hele dagen op stal. En ook in de weideperiode komt melkvee ten minste tweemaal daags enkele uren in de stal voor het melken. De stal is dus een belangrijk onderdeel van het duurzame bedrijf.

Een stal is een systeem waarin de onderdelen elkaar beïnvloeden.
Onderdelen zoals inrichting (voerhek, afkalfhoek, open zijwand), afmetingen (loopgangbreedte, dakhoogte), materialen (beton-, of rubbervloeren, potstal), management (hygiëne, voeren, bezettingsgraad) en de dieren die er rondlopen, om enkele voorbeelden te noemen. Kreupele koeien stellen hogere eisen aan vloer, verkeersruimte en ligboxen dan gezonde. De beschikbaarheid van ruwvoer en krachtvoer beïnvloedt rangordestrijd en daarmee de eisen aan verkeersruimte.

Dus aan welke normen moet een goede stal voldoen? Uiteindelijk is er één constante factor die de norm bepaalt: de koe. De mens vertaalt de koe-eisen in een bouwtekening.
Koeien, voer en mensen veranderen. Daarom moeten we de normen steeds herijken. Het oog van de meester blijft dus altijd nodig om met gezond boerenverstand optimale oplossingen te vinden. In de praktijk betekent dit afwegen. Te veel is niet goed en te weinig ook niet. En het een gaat soms ten koste van het ander. Of ten gunste...

De vijf vrijheden van het dier

1. Vrij van dorst, honger en ondervoeding.
2. Vrij van lichamelijk ongerief.
3. Vrij van pijn, verwondingen en ziektes.
4. Vrij om normaal gedrag te vertonen.
5. Vrij van angst en chronische stress.

J. Webster, (1999)

Een hoge genotsfactor. De koe kwijlt van genoegen en loopt graag naar de borstel toe. Poetsen is voeren, wisten onze grootouders al. De borstel gaat vanzelf draaien als een koe er tegenaan gaat staan.

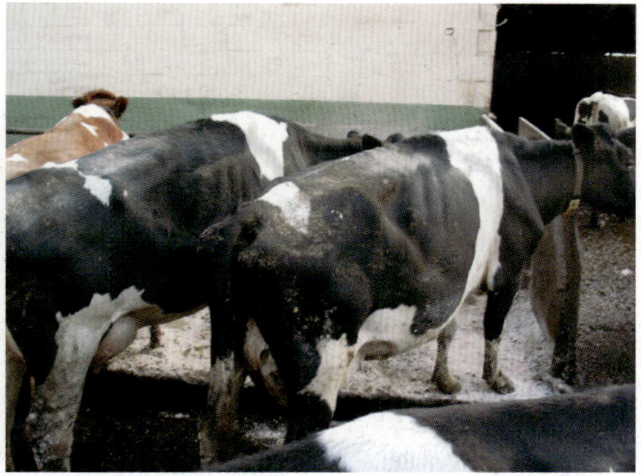

Mestplekken vertellen dat de stalhygiëne weinig aandacht krijgt of dat de koeien onlangs dun op de mest waren. Goede stalhygiëne betekent een laag infectierisico. Dunne mest wijst op voedingsfouten of ziekte.

De Europese regelgeving op het gebied van dierenwelzijn is gebaseerd op bovenstaande vijf vrijheden van het dier. Deze meet je met koesignalen.

Kijk met vreemde ogen

Bij de beoordeling van de dieren in een stal werk je van groot naar klein. Begin met het kijken naar groepen dieren. Waar bevinden de dieren zich? Er zijn veel oorzaken te bedenken waardoor koeien en kalveren bepaalde plaatsen in de stal mijden. Denk aan tocht, warmte, kou en benauwde plekken. En ook aan ligboxcomfort, gladde roosters en rangordeconflicten.

Verschillen tussen dieren

Bekijk of de koppel uniform is of dat er grote verschillen bestaan tussen de dieren. Let hierbij op:

- **Ontwikkeling van de dieren.** Zijn de vaarsjes veel kleiner dan de koeien? Aandachtspunt: de jongveeopfok.
- **Conditie.** Meer dan tien procent te vette of te magere dieren duidt op een langdurig verschil in voeropname of voerbenutting. Aandachtspunten: vreetplaatsen, beschikbaarheid van voer gedurende de dag, klauwgezondheid, selectie van voer en structuurgehalte.
- **Kleur, glans en reinheid van de vacht.** Glans is een teken van gezondheid. Bevuiling is altijd een negatief signaal.
- **Buik- en pensvulling.** Verschillen ontstaan door verschillen in voeropname in de afgelopen dag of dagen. Waarom aten koeien minder? Gaat het om risicogroepen? Hoogproductieve en hoogdrachtige koeien moeten zo snel mogelijk weer voldoende eten.
- **Andere kenmerken,** bijvoorbeeld huidbeschadigingen.

Zoekplaatje *In deze koppel heeft ongeveer een derde van de koeien een bult op de schouder. Wat betekent dit?*

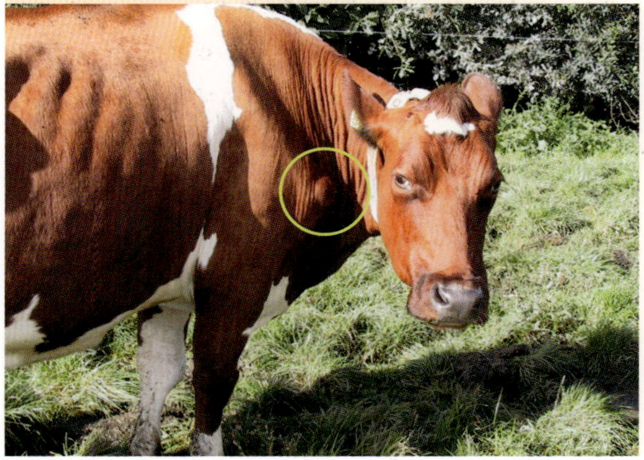

Het voerhek is onjuist geconstrueerd of de koeien moeten te veel rekken om voer te kunnen opnemen. Betere beschikbaarheid van het voer kan dit voorkomen.

De breedte van looppaden kan het best worden uitgedrukt in koelengtes en koebreedtes. De dieren moeten gemakkelijk langs elkaar kunnen bewegen.

Ruimte en rangorde

Tussen de koe en haar eten, drinken en ligplaats mogen geen hindernissen zijn. En elk dier heeft een bepaalde ruimte nodig om zich prettig te voelen. Zo moeten koeien de ruimte hebben om te passeren zonder elkaar te raken en er moeten vlucht- en schuilmogelijkheden zijn. Koeien met horens vergroten de behoefte aan ruimte en vluchtwegen.

Elk koppel heeft een complexe opbouw. Er zijn kleine groepjes met bazen en ondergeschikten, en leiders en volgers. Bazen zijn de dieren die als eerste mogen eten, leiders starten een activiteit. Een dominante koe vormt een ernstige belemmering voor een ranglaag dier. Dit dier zal de koe alleen durven passeren als ze zich veilig voelt. Ze moet kunnen vluchten en heeft hiervoor ruimte, een gezond beenwerk en voldoende grip op de roosters nodig. Liggende koeien nemen geen deel aan rangordestrijd.

De belangrijkste oorzaak van onderlinge strijd is voernijd, die ontstaat als niet de hele dag smakelijk voer beschikbaar is. In het gevecht om het lekkerste voer mogen de ranglage dieren pas als tweede eten.
Vaarsjes staan laag in de rangorde én kennen niet alle koeien in de koppel. Door hun schuchterheid delven ze het onderspit in de strijd om het voer. Pensvulling, productie en afzonderingsgedrag van deze dieren geven informatie over het sociale comfort in de koppel.

Zoekplaatje *Wat zie je hier als je weet dat er in deze stal twee drinkbakken zijn en dat er alleen voer beschikbaar is op de plaatsen waar nu koeien staan te vreten?*

De stal is heel vol, waardoor de voeropname sterk onder druk zal staan. Oplossingen: meer vreetruimte creëren, krachtvoerboxen uit elkaar halen, meer drinkbakken plaatsen, en veel aandacht geven aan klauwen, stroefheid vloer, jongveeopfok en vaarzenmanagement.

Optimaal koeverkeer betekent dat twee koeien elkaar moeten kunnen passeren achter de rij vretende koeien. Liggende koeien zijn uit de weg en nemen dus niet deel aan conflicten bij koeverkeer.

Risicoplaatsen

Elke stal heeft zijn eigen risico's en risicoplaatsen. Door elke plek in de stal nauwkeurig te observeren met of zonder koeien, kun je veel problemen voorkomen. Niet alleen plaatsen in de stal kunnen risico's in zich dragen, maar ook bepaalde omstandigheden.

Voorbeelden van risicomomenten in de stal

- Weersomslagen
- Warm weer, hoge luchtvochtigheid, vorst
- Koppels mengen (vaarzen, droge koeien)
- Onrust
- Een tochtige koe
- Een andere veeverzorger
- Droogzetten
- Voerveranderingen

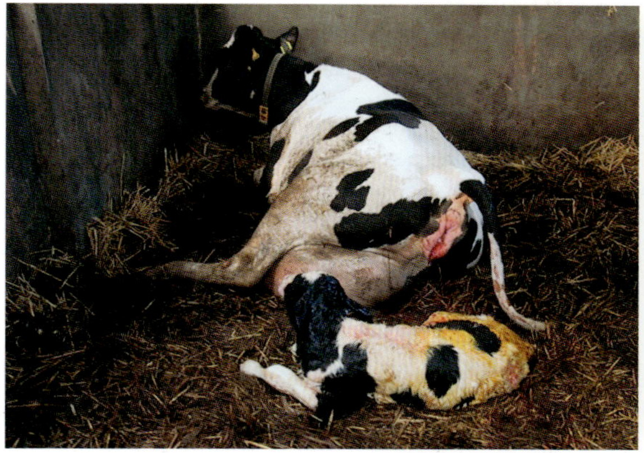

De koe kalft in een ruime, veilige afkalfhoek. De mest bevat echter veel ziektekiemen die baarmoeder en uier kunnen infecteren, en ook de navel en de bek van het kalf. Dit kan leiden tot mastitis en witvuilen, en navelontsteking, diarree en para-tbc.

Ongelijke roosters geven kans op klauwbeschadigingen. Bovendien staat de drinkbak op een hoek, naast een krachtvoerbox. Hier is veel koeverkeer en mogelijke strijd, terwijl koeien ongestoord willen drinken. Vooral ranglage dieren zullen daarom lang aarzelen.

Deze gladde betonnen doorsteek is een echte risicoplaats. Een tochtige koe kan hier veel schade aanrichten, aan zichzelf en aan andere koeien. Maak de vloer stroef (bijvoorbeeld met een rubbermat), haal de mest dagelijks weg en verwijder uitsteeksels.

In deze hoog geplaatste drinkbak kunnen koeien niet mesten. Wel betekent de opstap een zware belasting voor de klauwen. En een grotere kans op uitglijden als de koe bijvoorbeeld verjaagd wordt. Laat koeien bij voorkeur op een vlakke bodem drinken.

Dankzij een reflecterende laag (tapetum lucidum) *achter in hun ogen kunnen koeien in schemerlicht beter zien dan mensen. Voor de stimulering van hun bioritme hebben ze echter veel meer licht nodig dan alleen om te zien.*

Licht en klimaat

Koeien zijn gevoelig voor de juiste hoeveelheid licht en een prettig stalklimaat.

Licht en donker

Runderen zijn dagdieren met een seizoensritme. De winter is het natuurlijke seizoen voor de droge koeien en hoogdrachtige vaarzen (per dag 8 uur licht en 16 uur donker). De zomer past bij lacterende koeien (14-16 uur licht en minimaal 6 uur onafgebroken donker). Deze omstandigheden stimuleren de productie. De dieren voelen zich goed en laten hun tochtigheden beter zien. Mogelijk heeft de kunstmatige winter voor de droge koeien positieve effecten op hun gezondheid.

Kou en warmte

Bij een comfortabele temperatuur presteert rundvee het best. Beneden -5 graden Celsius kost het de koe energie om haar lichaamstemperatuur op peil te houden. Boven 20 graden Celsius gaat ze energie verbruiken om af te koelen. Vanaf ongeveer 25 graden Celsius daalt de voeropname. De uiteindelijke gevoelstemperatuur hangt natuurlijk samen met andere aspecten, zoals wind en luchtvochtigheid. Isolatie van staldaken houdt 's zomers de zonnewarmte buiten, terwijl de stal 's winters warmer blijft. De dieren zijn te koelen met grote ventilatoren. Denk bij koud en bij warm weer extra goed om het drinkwater. Scheer koeien bij opstallen.

Voldoende licht betekent overal in de stal tenminste 200 lux. Controleer dit met een luxmeter.

Minder dan 50 lux (schemerlicht) ervaart de koe als nacht. Oplossing: lichtplaten schoonmaken, luchtinlaat vergroten of elektrisch licht aanbrengen.

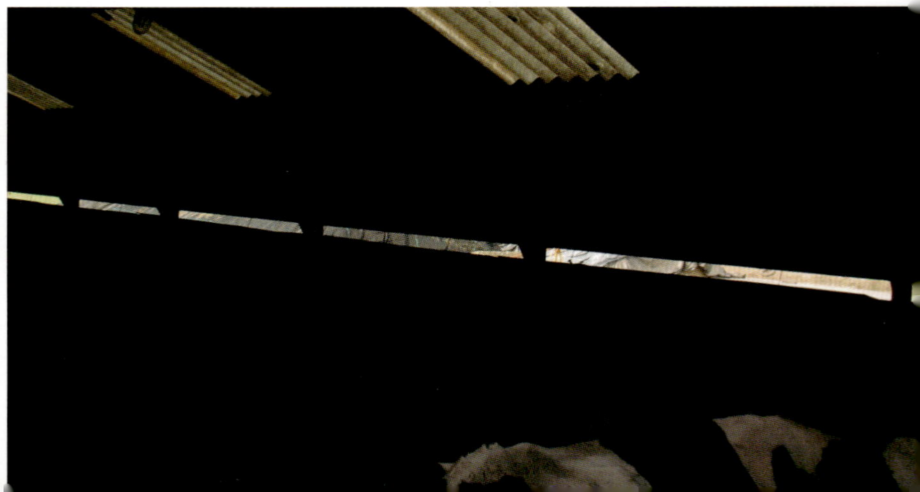

Ventilatie

Melkgevende koeien produceren veel warmte die ze moeten afvoeren om niet oververhit te raken. Dit doen ze voornamelijk via hun luchtwegen door vocht te verdampen in de longen. De huid speelt een kleinere rol in de afkoeling. Voor een goede warmteafvoer mag de luchtvochtigheid van de inademingslucht daarom niet te hoog zijn. Zuchtende, puffende dieren en condens op wanden, constructies en daken zijn signalen van onvoldoende luchtverversing. Ook blijven benauwde koeien liever staan, soms met de voorpoten hoger dan de achterpoten. Zo drukken de ingewanden minder op het middenrif en kan de koe gemakkelijker ademen. Luchtverversing in de buurt van de kop is belangrijk.

Roosters en vloeren

Op gladde roosters hebben koeien kans op beschadigingen door uitglijden. Het vee loopt minder, omdat ze bang zijn voor conflicten met andere koeien. Met een mestschuif zijn de roosters eenvoudig schoon te maken. Dit is gunstig voor de klauwgezondheid. De klauwen drogen beter op en de infectiedruk wordt verlaagd. Wel hindert de schuif de koeien. In hun angst hierop te trappen, vertonen de dieren schrik- en vluchtreacties. Kabels zijn om deze reden beter dan kettingen en kokerbalken. Hoe breder de loopruimte en hoe rustiger de dieren, hoe minder kans op angst en onrust.

Koesignalen bij gladde roosters

- Uitglijden bij opjagen en wegvluchten.
- Meer schrikachtigheid.
- Slechter tonen van tochtigheid.
- Stroeve delen van looppaden opzoeken: de dieren lopen bijvoorbeeld aan de zijkanten.
- Voorzichtig lopen, met wijde plaatsing van de poten en de kop omlaag. Kleine passen en voorzichtig nemen van bochten.
- Ranglage dieren en vaarsjes zoeken veilige plaatsen op, zoals doodlopende voergangen.

De aanwezigheid van spinnenwebben is een signaal dat er weinig luchtstroming is. Controleer de luchtverversing bij de koeien.

De mestketting kan bij koeien schrikreacties opleveren.

Zoekplaatje *Betonroosters kunnen erg glad worden. Wat kan dit hier betekenen?*

Om zichzelf in de lies te likken moet de koe goede grip hebben voor haar drie andere poten. Als de roosters glad zijn, durft een koe zich niet in deze houding te likken.

Klauwscore

Klauwproblemen veroorzaken veel pijn bij de dieren en verlagen direct de productie. Dieren met klauwproblemen zullen minder vaak naar het voerhek of de krachtvoerbox lopen. Het is dus zaak aandoeningen tijdig te ontdekken. Onderstaande klauwscore kan hierbij helpen. Vaak zijn meerdere klauwaandoeningen tegelijkertijd aanwezig.

Stinkpoot (dermatitis interdigitalis)

Eczeem-achtige ontsteking met een typisch geur, die begint in de tussenklauwspleet en zich uitbreidt naar de klauwballen. In het balgebied ontstaan kloven of putjes en in ernstige gevallen laat het balhoorn helemaal los.

- Oorzaak: bacteriën.
- Risicogroep: -
- Genezende therapie: bekappen, voetbaden met formaline).
- Preventie: infectiedruk verlagen (bekappen, baden, droge roosters).

Score 1

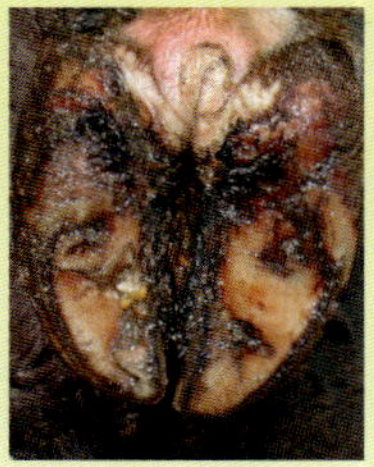

Licht eczeem met stinkende gele prut in de tussenklauwspleet.

Score 2

Uitgebreid eczeem met aantasting van de klauwballen (kloven, putjes).

Score 3

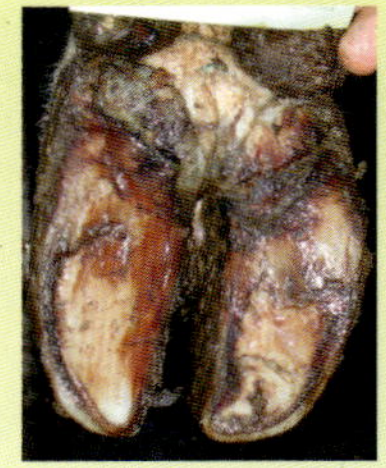

Zeer uitgebreide, natte aantasting van de klauwballen, die doorloopt in de tussenklauwspleet.

Ziekte van Mortellaro (dermatitis digitalis)

Meestal duidelijk afgegrensde, vrijwel ronde ontsteking van de huid in de buurt van de kroonrand.

- Oorzaak: bacteriën, lage weerstand.
- Risicogroepen: vaarzen, kort na afkalven.
- Genezende therapie: bekappen, plek droogdeppen en behandelen met antibioticumspray. Na 24 uur herhalen of drie dagen onder verband houden.
- Preventie: infectiedruk verlagen (goed behandelen van aangetaste dieren, stinkpoot aanpakken, weerstand optimaliseren).

Score 1

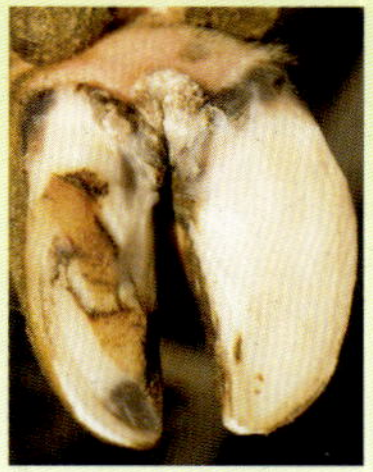

Ronde omschreven plek die weinig pijnlijk is (genezende of milde aantasting).

Score 2

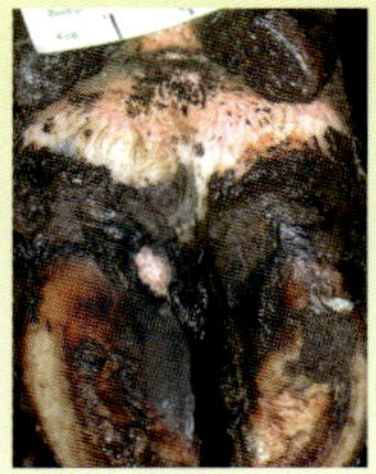

Kleine aantasting van de klauwhuid of kroonrand. Pijnlijk, bloedt gemakkelijk.

Score 3

Grote aardbei-achtige, zeer pijnlijke aantasting. Bloedt gemakkelijk.

Bevangenheid (laminitis)

Elke geel/roodverkleuring van de zool. Roodheid is het gevolg van bloedingen, geel/oranje ontstaat door het weglekken van bloedserum door de bloedvatwand.

- Oorzaak: zie pagina 44.
- Risicogroepen: vaarzen, rondom afkalven, dieren die veel krachtvoer krijgen.
- Genezende therapie: ontstekingsremmers, zachte ondergrond, veel drinken, koud afspuiten, bekappen om standsverandering klauw te voorkomen.
- Preventie: voldoende structuur in het rantsoen, structuur en krachtvoer in de juiste verhoudingen. Geleidelijke voerovergangen. Goede ligplaatsen. Zieke dieren vroeg en goed behandelen.

Score 1

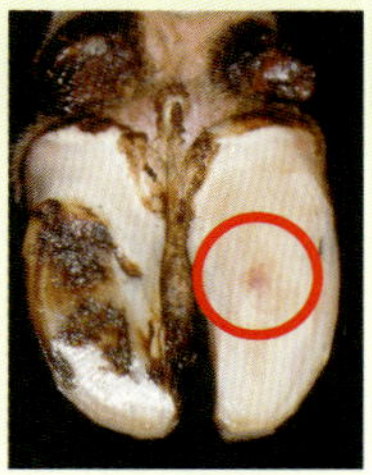

Een kleine plaatselijke verkleuring.

Score 2

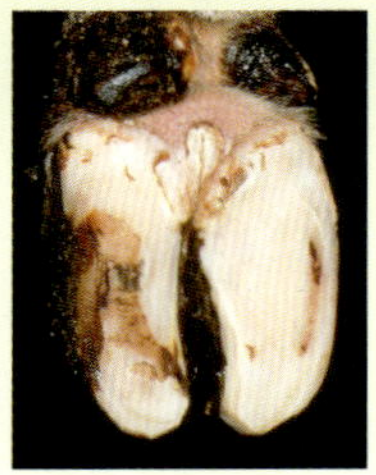

Verkleuring van ongeveer 1/3 deel van de zool.

Score 3

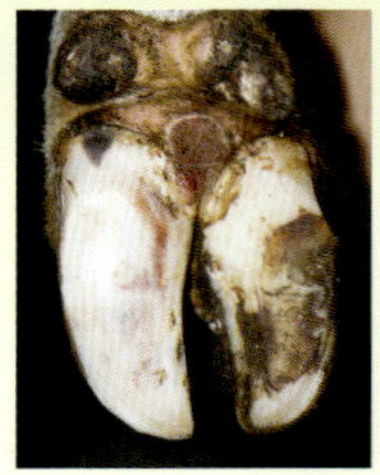

Zeer ernstige verkleuring van vrijwel de hele zool.

Met dank aan PTC+ (Horst) en Gezondheidsdienst voor Dieren (Deventer).

Bijzondere klauwproblemen

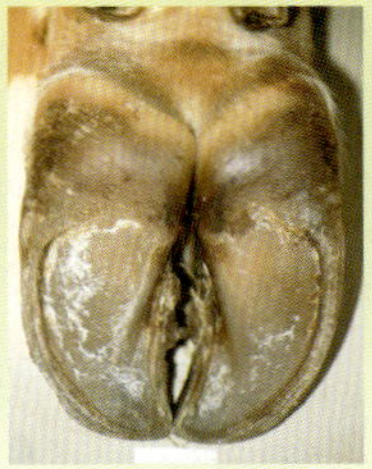

Gezonde klauw
Een gezonde klauw. De klauwwand en de hele zool dragen gewicht. Dit dier heeft in de wei gelopen, waardoor het hoorn van de wand voorbij het zoolhoorn is gegroeid.

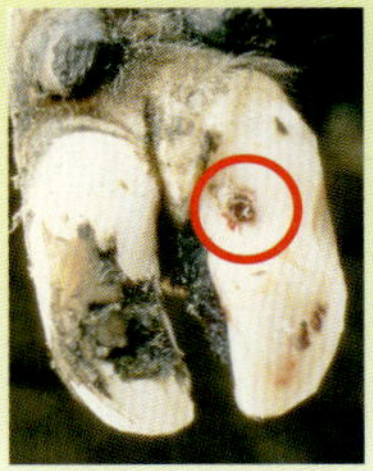

Zoolzweer
Zoolzweren zijn ontstekingen van de klauwhuid in het zoolgebied. Ze ontstaat ofwel uit bevangenheid, ofwel uit kneuzingen van de klauw (of beide). Treedt gemakkelijker op in zachte klauwen.

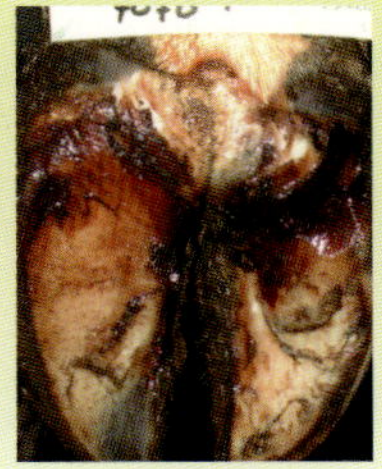

Mengvorm Mortellaro en stinkpoot
Mortellaro en stinkpoot ontstaan onder dezelfde omstandigheden: natte klauwen, hoge infectiedruk van bacteriën. Ze komen regelmatig samen voor, waarbij de koe dus beide aandoeningen heeft.

Dubbele zool
De dubbele zool is het resultaat van een acute voerverandering en/of acute bevangenheid. In veel gevallen zie je weinig andere tekenen van bevangenheid.

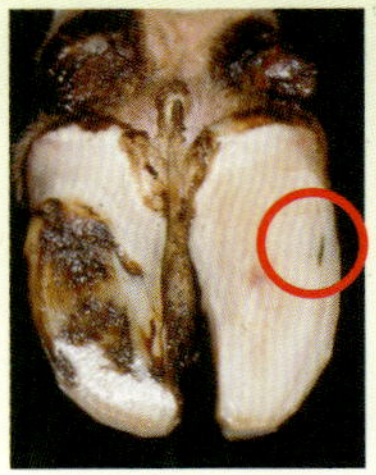

Wittelijndefect
De (roze) witte lijn vormt de overgang tussen zoolhoorn en wandhoorn. Als deze niet vloeiend doorloopt is sprake van een witte lijndefect. Ook deze zijn er in milde vormen en in (zeer) ernstige. Belangrijkste oorzaken: bevangenheid en trauma (kneuzing). Treedt gemakkelijker op in zachte klauwen.

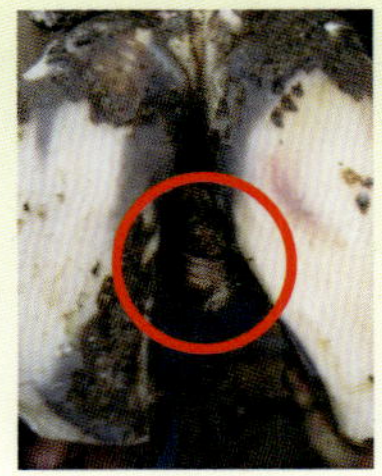

Tyloom
Een tyloom is een woekering van de tussenklauwhuid. Het ontstaat doordat er langdurig een wond in de tussenklauw zit. Dit kan zowel stinkpoot als mortellaro zijn (of beide). De wond kan ontstaan zijn uit een doorgebroken tussenklauwontsteking.

Klauwscore levert managementinformatie

Klauwaandoeningen kunnen signalen zijn waarmee de bedrijfsvoering kan worden verbeterd.
De volgende grove indelig helpt hierbij:

- Bevangenheid: stofwisselingsaandoening, door fouten in voeding en voeropname, huisvestingsfouten (overbezetting, gladde roosters, slechte ligplaatsen).
- Mortellaro: infectieziekte, gevolg van lage weerstand en hoge infectiedruk.
- Stinkpoot: infectieziekte, gevolg van hoge infectiedruk.
- Zoolzweren, witte lijndefecten: trauma, door onrust in koppel en/of een te gladde, oneffen ondergrond. Staan in verband met bevangenheid.

Meer informatie over klauwaandoeningen vindt u op pagina 79.

Met dank aan PTC+ (Horst) en Gezondheidsdienst voor Dieren (Deventer).

Gevolgen van klauwproblemen

Bij stinkpootinfecties *(dermatitis interdigitalis)* groeit de buitenklauw harder dan de binnenklauw. Hierdoor verandert de stand van de klauw en de poot: de hak draait naar binnen en de klauwpunt naar buiten. Stinkpoot komt op vrijwel alle melkveebedrijven voor. Controleer daarom regelmatig de ernst van de aandoening en grijp tijdig in.

Preventieve maatregelen zijn: roosters droog en schoon houden, voetbaden met formaline, goede voeding met onder andere voldoende structuur.

Behandeling: bekappen en voetbaden met formaline (4 liter handelsoplossing op 100 liter water).

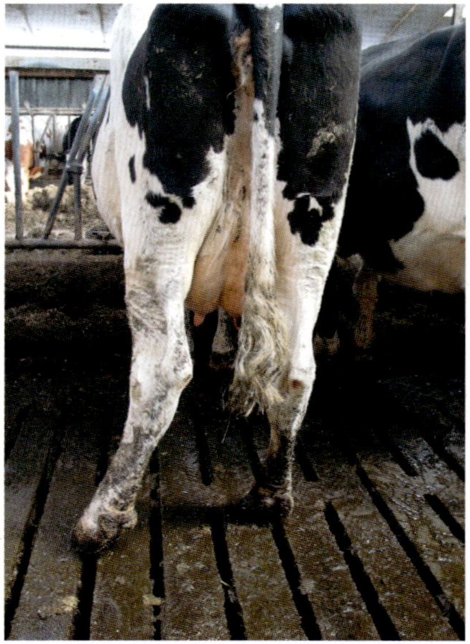

De tussenklauwspleet van de rechterpoot loopt vrijwel evenwijdig aan de ruggengraat (score 1). De linkerpoot is sterk gedraaid, gezwollen en pijnlijk. Dit betekent score 3: direct behandelen.

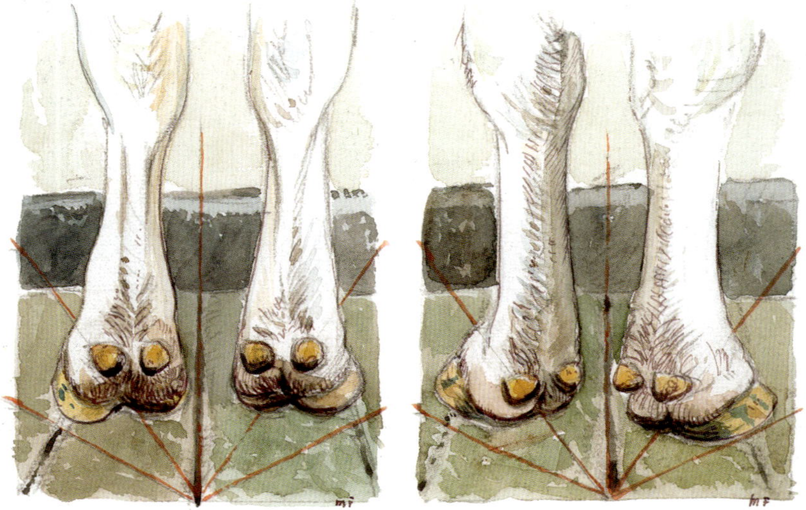

Pootscore

De pootscore geeft een indruk van de stand van de poten en kan een hulpmiddel zijn bij klauwmanagement. De pootstand hangt samen met het grootteverschil tussen binnen- en buitenklauw, en met de wijze waarop de koe haar poot neerzet. Koeien draaien de ondervoet naar buiten om pijnlijke delen van de zool te ontlasten. En ook op gladde vloeren lijken ze dit te doen, waarbij ze meer op de ballen gaan lopen. Pootscore 1 is gewenst, maar sluit niet uit dat er klauwinfecties en bloedingen zijn. Veel klauwscore 2 en 3 is een signaal om kritisch te kijken naar bekaptechniek, -frequentie en naar factoren die de pootstand beïnvloeden.

(Naar J. van Amerongen)

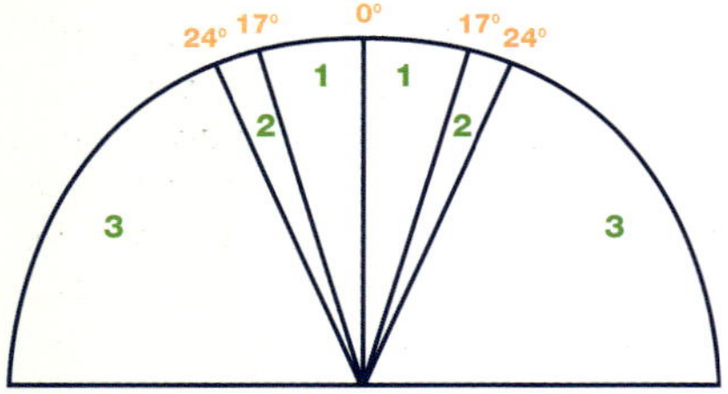

Pootscoreschijf

Het vergt veel kracht om de zware voorkant op te tillen. Zeker als een schoftboom in de weg zit neem je daar de tijd voor. Belemmeringen bij het opstaan leiden tot speenbetrappingen.

Behoefte aan liggen

Koeien willen ongeveer 10 tot 14 uur per dag liggen. Liggen is belangrijk:

- Het dier rust uit.
- Klauwen hebben rust en kunnen opdrogen.
- Er ontstaat meer ruimte in de looproutes.
- Bij liggende koeien stroomt tot 30 procent meer bloed door de uier.

Als het comfort van de ligboxen niet optimaal is, gaan de koeien pas liggen als ze écht moe zijn en blijven ze te lang liggen. Ze zullen hierdoor minder eten en drinken. Het aantal maaltijden daalt en de kans op selectieve voeropname stijgt. Ook ontstaan snel lichamelijke problemen, zoals dikke hakken.

Ligboxen, voerligplaatsen

Een ligbox is een compromis tussen ruimte en hygiëne. Koeien mesten immers op de plaats waar ze zich bevinden. Goede hygiëne, nodig voor preventie van huid- en uierinfecties, ontstaat door de koe buiten de box te laten mesten en meerdere malen per dag de boxen te reinigen. Want kleine vaarsjes zullen altijd in de box mesten. De boxconstructie kan koeien hinderen bij het opstaan en gaan liggen. De koeien tonen dit door te lang te blijven staan en door beschadigde voorknieën en hakken.

Ook de boxbodem speelt een belangrijke rol. Deze moet zacht zijn en voldoende stroef. Het best voldoet een zandbed of dikke laag (meer dan 10 centimeter) zacht zaagsel op een rubber ondergrond.

Kniebomen en dwarspijpen

Een knieboom is een manier om te voorkomen dat de koe te ver voor in de box gaat liggen. Deze moet niet te hoog (ca. 10 centimeter), zacht en afgerond zijn. Dwarspijpen voor in de box horen de koe niet te hinderen bij het strekken van de kop. Daartoe zitten ze lager dan 20 centimeter of hoger dan 90 centimeter. Staande buizen geven de koe ruimte om de kop op en neer te zwaaien.

Een koe in een ligbox moet (snel gaan) liggen. Meer dan 10 procent staande koeien bij een koppel in rust betekent dat het ligboxcomfort beter kan. In de bovenste foto zijn de boxen duidelijk te kort en er is te weinig kopruimte om te gaan liggen.

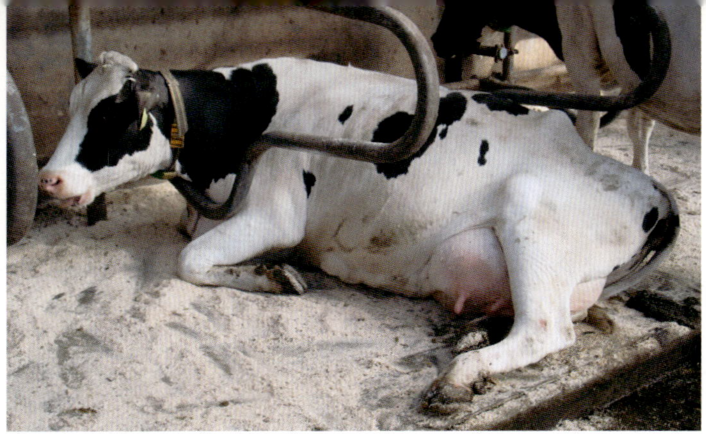

Met een schuin naar voren gestrekte kop kunnen koeien gemakkelijk slikken, herkauwbrokken oprispen en comfortabel herkauwen. Het vaarsje zoekt hiervoor het laagste punt van de boxpijpen op.

Signalen voor ligboxverbetering

Beschadigingen van hakken en voorknieën ontstaan tijdens het gaan liggen, liggen en weer opstaan in de ligboxen.

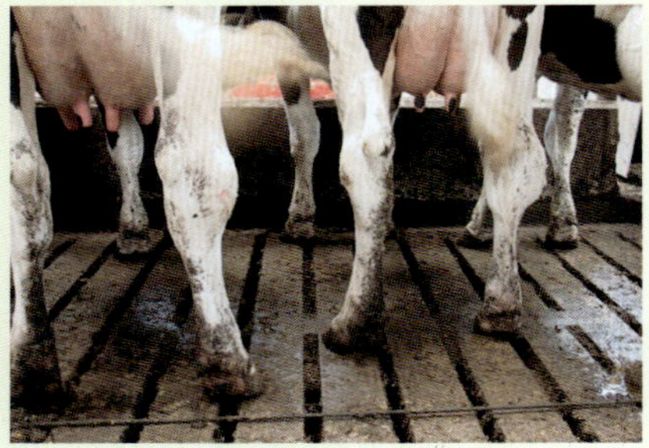

***Kneuzing** ontstaat door krachten loodrecht op de zijkant van de hak door de klap van het landen op de boxbodem en de druk op de hak tijdens het liggen en opstaan. Dit duidt op een te harde boxbodem of te weinig strooisel.*

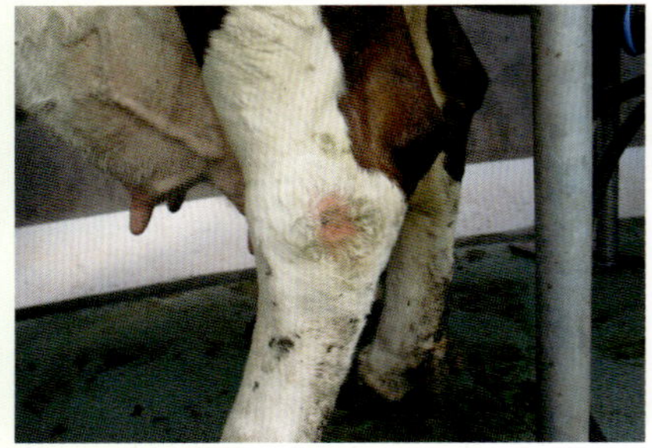

***Afschaven** ontstaat door krachten evenwijdig aan de hakhuid: het heen en weer schuren over de ondergrond. Schaven kan duiden op een schurende boxbodem, snijdend strooisel, een te gladde boxbodem of een verkeerde constructie van de ligbox.*

Zoekplaatje *Wat zie je hier?*

De vaars kan niet vierkant staan voordat ze gaat liggen. Hiervoor zit de schoftband te ver naar achteren. De liggende dieren steken met het achterstel uit de boxen en leggen een poot op de roosters, doordat ook de knieboom te ver naar achteren zit. Door de beperkte ligruimte hebben de dieren moeite met opstaan, wat versterkt wordt als de klauwen gemakkelijk weglijden op de bodem.

Probleemversterkende factoren in ligboxen:

- **Natte ligplaatsen**: de huid van de koe verweekt en de haren laten gemakkelijk los. Ook huidinfecties slaan gemakkelijk toe.
- **Pensverzuring en andere aandoeningen**: deze leiden tot klauwbevangenheid. Gifstoffen in de bloedsomloop tasten daarbij kleine bloedvaten in onder meer klauwen en gewrichten aan. Dit veroorzaakt klauwpijnlijkheid en stram lopen. Koeien gaan moeilijk liggen en staan en krijgen gemakkelijk stootbulten op de hakken.
- **Kreupelheid**: koeien hebben veel moeite om te gaan staan en liggen. Ze hebben hun kop nadrukkelijk nodig als contragewicht bij het opstaan en gaan liggen. Zo vallen ze gemakkelijk naar voren. Ze schuiven meer over de boxbodem en maken hardere landingen.
- **Grote en zware koeien**: de dieren hebben veel spierkracht en veel ruimte nodig om zichzelf op te tillen en om te gaan liggen.

Behoefte van de koe en beoordeling van de stal

Koe-eis	Koesignaal	Maat voor een Holstein-koe van 700 kg, bepaald via analyse van videobeelden	Ligboxmaten uitgedrukt in lichaamsmaten
Goede uitgangshouding om te gaan liggen.	Koe staat vierkant in ligbox.	Schoftboom op 2,15 m diagonaal van achterrand. Hoogte: 1,27 m.	Schoftboomhoogte: 0,83 x schofthoogte. Schoftboom boven knieboom.
Kunnen gaan liggen, met kop als contragewicht.	Koe strekt kop als contragewicht.	Ligbox met open voorzijde.	Kopboom: 0,7 x schofthoogte.
Zachte landing in comfortabel ligbed, dat veel grip biedt.	Koe gaat vrijwel direct liggen na betreden van ligbox. Gave hakken en voorknieën.	-	-
Ligplaats voldoende lang met ruimte voor de kop.	Koe ligt rechtuit.	2,75 m totale boxlengte. Knieboom op 1,80 m van achterrand.	Muurzijde: lengte 2 x schofthoogte. Open voorkant: 1,8 x schofthoogte. Knieboom 1,2 x schofthoogte.
Ligplaats voldoende breed.	Plaats om op de zij te liggen.	1,22 m boxbreedte.	2 x heupbreedte.
Liggend prettig kunnen herkauwen.	Koe kan kop schuin naar voren strekken.	-	-
Liggen met poot naar voren.	Zie koe-eis.	Soepele, afgeronde knieboom, niet hoger dan 10 cm.	-
Ongehinderd en gemakkelijk kunnen gaan staan.	Koe staat in één vloeiende beweging op, met gestrekte kop als contragewicht. Geen hinder van schoftboom.	Zie schoftboom en voorzijde ligbox.	Zie schoftboom en kopboom.
Comfort van box als geheel.	≥ 90 procent van de koeien in boxen ligt. ≤ 10 procent van de koeien heeft beschadigde hakken of andere ligplekken. Koeien zijn schoon. Dieren gaan vlot staan en liggen zonder intentiebewegingen.		

Ligboxmaten uitgedrukt in lichaamsmaten (N.Anderson, OMAF, Canada

De schoftboom op de juiste plek en een dikke laag strooisel in de boxen geeft comfort. Helaas hebben de koeien weinig ruimte om de kop te strekken bij het opstaan en het is de vraag of de luchtverversing bij hun koppen voldoende is.

Koeien waarderen een zachte en afgeronde knieboom. Ze kunnen dan hun voorpoten strekken.De koe bepaalt de afstand achterrand tot knieboom = achterkant van het zitbeen tot voorkant van het kossem (HF-koe: 1,80-1,85 m).

Een goede uitgangshouding om te gaan liggen. De koe staat vierkant in haar box en heeft voldoende ruimte om de kop te strekken bij het gaan liggen. Ze hoeft niet onder de schoftboom te 'duiken'. Een dik pak zand, zaagsel of stro biedt een zachte bedding.

De koe ligt ruim in haar box en kan de voorpoten strekken over een lage, afgeronde knieboom. Voldoende lengte van de ligplaats, vrije kopruimte en sturing door de boxafscheiding zorgen dat ze recht gaat liggen.

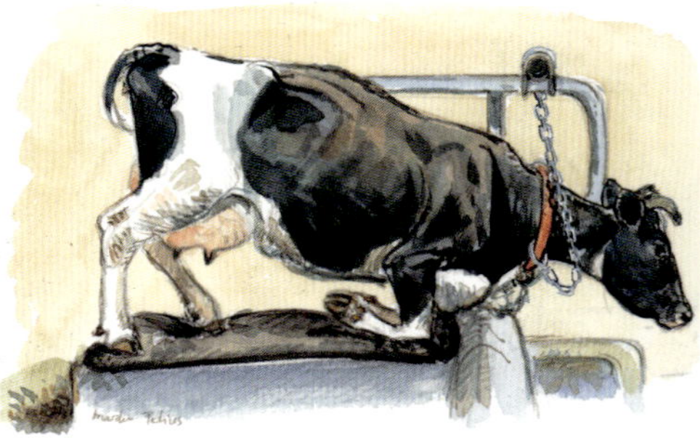

Deze koe in een aanbindstal kan de kop goed strekken als contragewicht en heeft bij het opstaan geen hinder van bindband en horizontale of verticale pijpen. De zachte mat geeft grip, een zachte landing en ligcomfort.

De koeien hebben geen ruimte voor hun kop bij het gaan liggen en gaan staan. Op de muren is een vlek te zien waar de dieren de muur raken. Oplossing: haal de muur weg om de box te verlengen. Laat de zijkant open, voor een goed klimaat en licht.

Doordat de knieboom te ver naar achter zit, is de ligruimte te klein. De koe gaat schuin liggen. In deze boxen is een knieboom niet eens nodig: de muur verhindert dat de dieren te ver naar voren gaan liggen.

Zien en begrijpen

In dit boek zijn diverse zaken aan de orde gekomen die u wellicht nieuwe kennis hebben opgeleverd. Toch is niet elke vraag beantwoord. Bovendien zal kritisch kijken naast antwoorden altijd nieuwe vragen opleveren. En nieuwe inzichten. Hier volgen nog enkele mogelijke 'oh zit dat zo's'.

Waarom drukt deze koe met haar kop tegen de andere koe? Is het sociaal gedrag? Of een teken van ongemak? Het lijkt erop dat dit gedrag voortkomt uit ongemak, waarschijnlijk buikpijn.

Net als tongrollen is voergooien een stereotypie (gedrag dat voortdurend herhaald wordt schijnbaar zonder reden). Op sommige bedrijven vormt dit een groot probleem. Een te hoge voerbak stimuleert voergooien (hoger dan vijftien centimeter boven de stand van de koe).

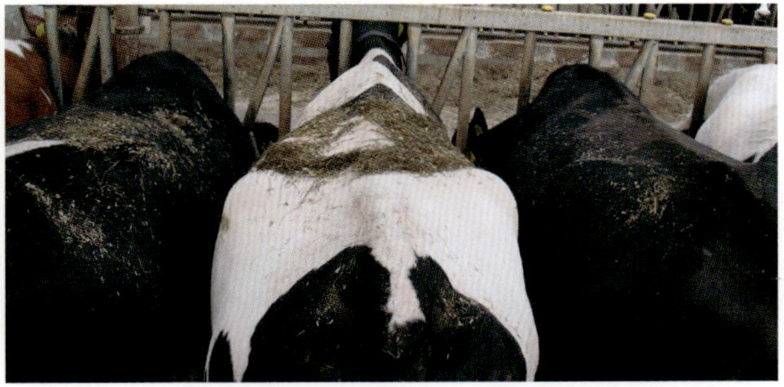

Bijeengedreven in een wachtruimte voor het melken. Ondanks het opdrijven houden veel dieren een zekere onderlinge afstand. Ruw opdrijven leidt tot conflicten en schrikreacties, waardoor de kans op klauwproblemen toeneemt (wegens abrupt afzetten).

Zo slaapt een koe, met de kop in de zij. Een koe slaapt slechts twintig minuten tot een half uur per dag. Als er veel koeien met de kop in de zij liggen, kan dit een teken zijn van ongemak in de buik, meestal door pensverzuring.

HOOFDSTUK 4

Tijdens voeren en vertering

Elke koe moet de hele dag door onbeperkt beschikking hebben over smakelijk voer van de juiste samenstelling. En dito water.

Voeding van koeien gaat in de basis om maximale opname van droge stof, waarbij een gezonde penswerking voorop staat. Een gezonde pens is het resultaat van een aantal factoren. Voedingsdeskundigen praten onmiddelijk over zaken als de verhouding van energie en eiwit, in combinatie met voldoende structuur en mineralen. Maar laten we alle factoren die invloed hebben op het vreetgedrag van de koe niet uit beeld verliezen.

Door alle aannames en natuurlijke variatie komt bijna geen enkel berekend rantsoen overeen met wat de koe werkelijk eet. De rantsoenberekening dient daarom als basis die in de stal gecontroleerd en aangepast moet worden.

Stappen in het voerproces	Koesignaal	
Rantsoenberekening		
Verstrekking	Beschikbaarheid	
Opname	Selectie	Pensvulling
Vertering	Mest Gezondheid	Productie Groei (conditie)

Dit hoofdstuk is opgebouwd volgens dit schema.

Bij de beoordeling van voeding, gezondheid en productie kijk je naar het verleden en naar vandaag, met de bedoeling om in de toekomst goede resultaten te boeken. Terugkijkende informatie helpt om te leren en helpt om de situatie van vandaag te begrijpen. Daarnaast biedt het de mogelijkheid om doelen te stellen als: 'Komend jaar wil ik 300 kg melk per koe meer en halvering van de klauwproblemen'. Operationele koesignalen dienen om de toestand van vandaag te meten en vooruit te koppelen, naar een gezonde productie.

Belangrijke koesignalen bij terugkijken zijn:

- het verloop van de conditiescore;
- de jaarproductiegegevens, maandgegevens en MPR (melkproductieregistratieformulier);
- het aantal stofwisselingsziekten (lebmaagdraaiingen, kalfziekte en slepende melkziekte);
- het aantal ziektegevallen;
- het aantal afgevoerde koeien mét de reden van afvoer;
- vruchtbaarheidsgegevens.

Voor inschatten van de huidige toestand en bijsturen zijn (operationele) koesignalen :

- de pensvulling (voeropname en passagesnelheid);
- de melkproductie van vandaag en gisteren (voeropname en verhouding energie-eiwit);
- de mest (voeropname en vertering);
- selectie aan het voerhek (homogeniteit van het rantsoen en smakelijkheid van de voercomponenten);
- restvoergegevens (voeropname en -selectie);
- de herkauwactiviteit (structuur);
- klauwgezondheid (locomotiescore).

De koeien hebben de bak leeg. Hebben alle dieren voldoende voer gegeten in de juiste verhouding? Is het nu te vroeg of te laat om vers voer te geven? Vijf tot tien procent restvoer is een aanwijzing dat melkkoeien maximaal ruwvoer opnemen.

Rotting en broei verminderen de smakelijkheid, waardoor de voeropname daalt. Goed voermanagement begint bij goed voer.

Informatie uit productiegegevens

De melkproductiegegevens leveren een schat aan informatie over individuele koeien en over groepen. De normwaarden hangen overigens ook samen met de erfelijke eigenschappen van de veestapel en met het rantsoen.

Vraag	**Controlepunt**
Een sterk negatieve energiebalans of slepende melkziekte	Verschil tussen vet- en eiwitpercentage (>1,0 negatieve energiebalans, >1,25 slepende melkziekte).
Pensverzuring	Laag vetpercentage.
Te grote rangordeconflicten	Tegenvallende productie bij vaarzen (lactatiewaarde en BSK).
Weinig weerstand in de koppel	Tegenvallende productie bij oudere koeien (lage BSK)en lage eiwitwaarden(< 3,2). Aantal ziektegevallen.

Invullijsten, attentielijsten en checklists helpen om bedrijfs- en dierinspecties te structureren.

Pensscore: voeropname en vertering

De pensscore is een weergave van de voeropname en de passagesnelheid gedurende de laatste uren. Wat je in feite beoordeelt - links achter de koe staand - is de vulling van de pens. De vulling ontstaat uit de combinatie van de hoeveelheid gegeten voer, de verteringssnelheid en de doorstroomsnelheid naar lebmaag en darmen.
De verterings- en passagesnelheid (doorstroomsnelheid) heeft te maken met de eigenschappen van de voedingsmiddelen (snel of langzaam afbreekbaar in de pens), de deeltjesgrootte en met de verhouding van de voedingsstoffen in de pens.

Wanneer scoren?

- Als er aanleiding toe is.
- Om jezelf te oefenen in het waarnemen.
- Als onderdeel van de dagelijkse/wekelijkse controle.

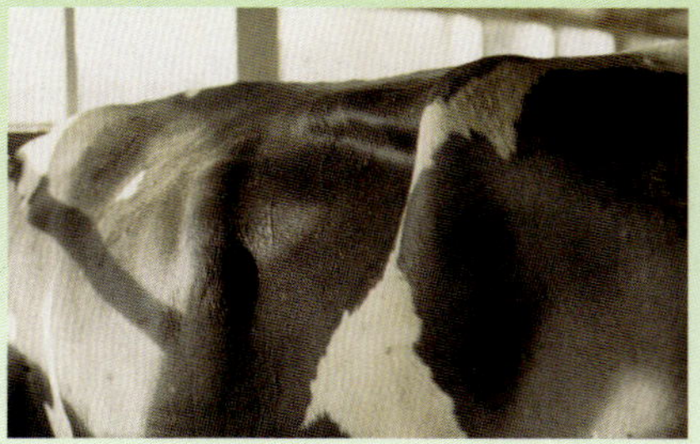

Score 1

Een diep ingevallen linkerflank. De huid onder de dwarsuitsteeksels stulpt naar binnen. De huidplooi vanaf de heupbeenknobbel loopt in verticale richting omlaag. De pensgroeve achter de ribboog is meer dan een handbreedte diep. Van opzij is het beeld van dit flankgedeelte rechthoekig. De koe heeft weinig of niets gegeten door acute ziekte, door slechte voerbeschikbaarheid of geen smakelijk voer.

Score 2

De huid onder de dwarsuitsteeksels stulpt naar binnen. De huidplooi vanaf de heupbeenknobbel loopt schuin naar voren naar de ribboog. De pensgroeve achter de ribboog is een hand breed. Van opzij gezien is het beeld driehoekig.
Deze score is vaak te zien bij koeien in de eerste week na afkalven. Later in de lactatie is het een signaal van onvoldoende voeropname of te hoge passagesnelheid.

Score 3

De huid over de dwarsuitsteeksels gaat eerst een handbreedte verticaal omlaag en buigt daarna naar buiten. De huidplooi vanaf de heupbeenknobbel is niet te zien. De pensgroeve achter de ribboog is zichtbaar.
Dit is de gewenste score voor melkgevende koeien met voldoende voeropname en met voldoende verblijftijd van het voer in de pens.

De pens zit aan de linkerkant van de koe, tegen de buikwand. Bij een hoogproductieve HF-koe met bijvoorbeeld 40 liter is de inhoud wel 150 - 200 liter. Zo'n koe eet ongeveer 24 kilogram droge stof per dag en mest zo'n 40 kilogram of meer.

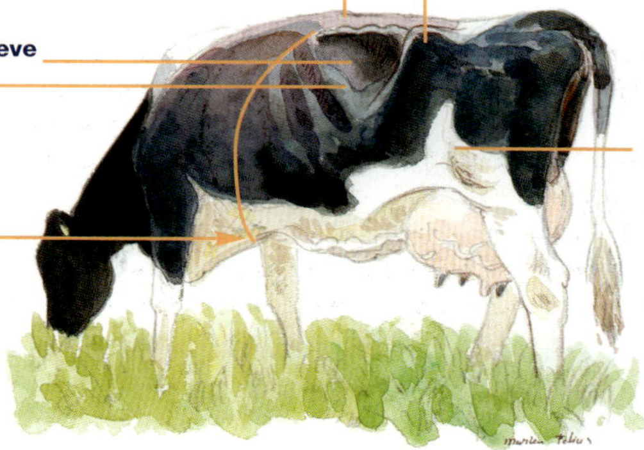

Score 4

De huid over de dwarsuitsteeksels buigt direct naar buiten. Er is achter de ribbe geen pensgroeve te zien.
Dit is de gewenste score voor koeien aan het einde van de lactatie en voor droogstaande koeien.

Score 5

De dwarsuitsteeksel zijn niet zichtbaar door de sterk gevulde pens. De buikhuid is tonrond gespannen. Er is geen overgang te zien van flank naar ribben.
Dit is de gewenste score voor koeien in de droogstand.

Naar: D. Zaaijer, W.D.J. Kremer, J.P.T.M. Noordhuizen (2001)

Zoekplaatje *Wat zie je aan de buikinhoud van deze koe?*

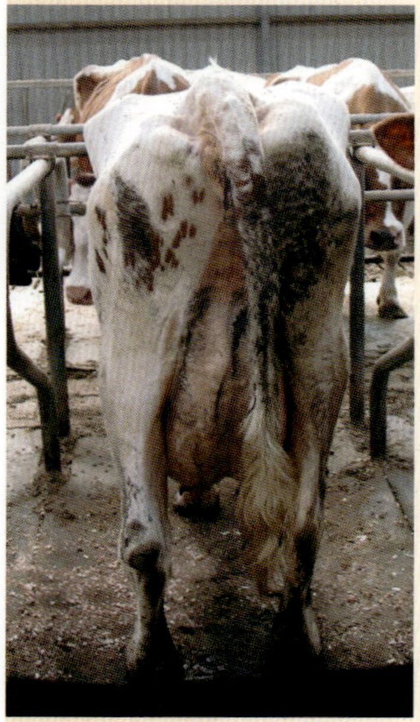

Staande achter een koe die langer dan 60 dagen in lactatie is, moet de buik links én rechts buiten de billen zichtbaar zijn. Dat is hier niet het geval. Pens en darmen zijn leeg: deze koe heeft meerdere dagen weinig gegeten of de structuur in het rantsoen is te laag. De mestplekken wijzen op zeer dunne mest.
Zoek antwoord op de vervolgvragen: Hoe komt dit? Is het voer niet lekker? Is de koe ziek of ernstig kreupel? Durft ze niet te gaan eten? Is het iets anders?

Door mest uit te spoelen in een zeef krijg je een indruk van de verteringsgraad en de mate van herkauwen. Minder dan de helft moet overblijven. Net als bij de mestscore wil je geen voedseldelen aantreffen die verteerd hadden moeten zijn, zoals maïskorrels. De vezels moeten duidelijk gekauwd en verteerd zijn. Goed mestscoren in een handschoen geeft vergelijkbare informatie.

Mest

Mest vormt de spiegel van de spijsvertering. Bij de beoordeling krijg je een indruk van de balans in het rantsoen. Je let hierbij op de consistentie en de vertering. Consistentie is feitelijk de verhouding van vaste stof in de mest en de hoeveelheid aanwezig water. Bij veel afwijkende afbraakproducten uit het voer kan de dunne darm veel water aanzuigen. Andere redenen voor een dunne mest kunnen zijn: de aanwezigheid van gifstoffen of te veel mineralen.

Bij de beoordeling van de vertering kijk en voel je of er nog onverteerde delen zijn. In principe moeten alle rantsoencomponenten verteerd zijn. Wat niet is verteerd is ofwel onverteerbaar of kreeg onvoldoende tijd om te verteren. Dit laatste gebeurt als bijvoorbeeld de afbraaksnelheid van de energie- en eiwitcomponenten niet op elkaar zijn afgestemd (rantsoenberekening). Tussen voeropname en mestproductie liggen anderhalf tot drie dagen.

De meststrepen op de rug van deze koe laten zien dat er onlangs dunne mest in haar staart zat, tengevolge van diarree. Diarree en te dunne mest zijn tekenen dat het rantsoen niet klopt of dat de koe ziek is. Deze koe heeft pensscore 2+. De laatste paar uren heeft ze niet genoeg gegeten.

Mestscore A: vertering van verse mest bekijken en bevoelen

Deze scoringsmethode is gebaseerd op het van dichtbij bekijken van verse mest, die we hebben zien vallen, en deze in de hand te voelen.

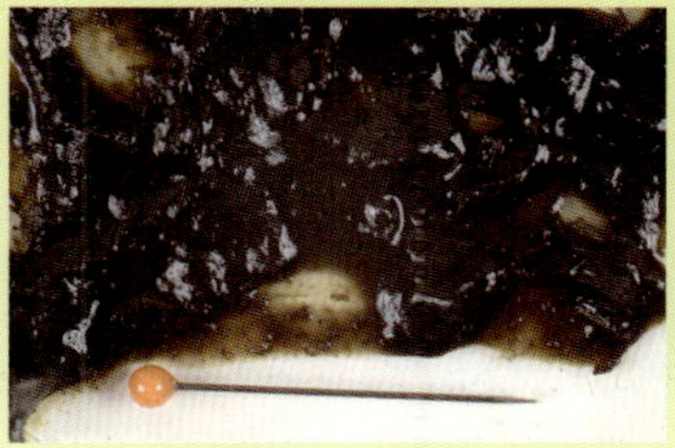

Score 1

De mest glanst, voelt aan als een romige emulsie en is homogeen. Er zijn geen onverteerde delen te voelen of te zien. Dit is de ideale score voor lacterende en droge koeien.

Score 2

De mest glanst en voelt romig en homogeen aan. Er zijn enkele onverteerde voerdeeltjes te zien en te voelen.
Deze toestand is acceptabel voor lacterende en droge koeien.

Score 3

De mest oogt licht-dof en voelt niet homogeen aan. Na dichtknijpen en weer openen van de hand blijven onverteerde vezeldelen aan de vingers kleven.
Deze mest is acceptabel voor drachtige vaarzen en droge koeien, maar niet voor lacterend vee.

Score 4

Doffe mest met hierin grovere voedseldelen. Onverteerde delen zijn duidelijk te zien. Na dichtknijpen en weer openen van de hand blijft er een samenballing van onverteerde vezeldelen in de hand achter. Pas het rantsoen aan.

Score 5

Grove voedseldelen zijn voelbaar in de mest. Onverteerde bestanddelen uit het rantsoen zijn duidelijk herkenbaar. De mest oogt dof.
Pas het rantsoen aan.

Naar: D. Zaaijer, W.D.J. Kremer, J.P.T.M. Noordhuizen (2001)

Mestscore B: consistentie van verse koemest

Het scoren van verse koemest doet u op twee manieren: op het oog en door met een laars in de mest te stappen.

Score 1

Waterdunne mest, die maar amper als mest herkenbaar is.
Dit is mest van koeien die acuut ziek zijn.

Score 2

De mest ziet eruit als dunne vla en is wel als mest herkenbaar. Bij het neerkomen op een harde bodem spettert hij ver uiteen. Dit komt voor bij beweiding in jong, geil gras en bij onbalans in het rantsoen.

Score 3

Een dikke vlaai die bijeen blijft met 2 à 3 cm dikte. Bij het landen klinkt een licht ploppend geluid. Laarsproef: er blijft geen zoolprofiel achter op de flat en de mest zuigt niet aan bij het optillen van de laars. Dit is de ideale mest. Het rantsoen wordt zichtbaar goed verteerd.

Score 4

De mest is dik. De mestflat maakt een zwaar ploppend geluid bij het landen, is duidelijk gevormd en stapelt in ringen. De hoogte is een vinger lang of meer. Laarsproef: het zoolprofiel blijft achter en de mest zuigt vast bij het optillen van de laars.
Deze mest ontstaat door een onbalans in het rantsoen. Voor droge koeien en drachtige vaarzen kan deze mest acceptabel zijn, maar controleer altijd de rantsoensamenstelling.

Score 5

Stijve mestballen (vergelijkbaar met paardenmest). Laarsproef: het zoolprofiel staat op de mest.
Deze mest is vaak te zien bij droge koeien en drachtige vaarzen en is een weergave dat het rantsoen niet in balans is en aanpassing behoeft.

Naar: D. Zaaijer, W.D.J. Kremer, J.P.T.M. Noordhuizen (2001)

Rantsoenbereiding

Voeren op de pens

Volwassen koeien eten 7 tot 12 maaltijden per dag, die ongeveer 45 minuten duren. Totale vreettijd: zo'n 6 tot 8 uur. Vaarzen eten wat vaker en nemen kleinere maaltijden. Om de verzuring door snel-fermenteerbare producten te corrigeren moet er altijd voldoende structuurrijk ruwvoer in de pens zitten, moet de koe veel speeksel produceren (dus herkauwen) en moet de penswand in hoog tempo de vetzuren uit de pens opnemen. Let goed op de verhouding tussen ruwvoer en krachtvoer per maaltijd als het voer ongemengd wordt gegeven.

Voor een goede penswerking eet een koe:

- voldoende structuur;
- ongeveer tegelijkertijd ruwvoer en krachtvoer.

Structuur in het voer

Effectieve structuur zijn deeltjes langer dan 0,6 centimeter, waarbij het veilig is om van 4 centimeter uit te gaan. Een goede prikkeling van de penswand stimuleert herkauwactiviteit. De herkauwtijd geeft goede informatie over het structuurgehalte van het rantsoen. Een koe moet 8 tot 10 uur per dag krachtig herkauwen. In totaal kauwt een koe ongeveer 16 uur per dag, tijdens het vreten en tijdens herkauwen. Van de koeien in de ligboxen hoort meer dan 50 procent te herkauwen. Twee uur na het voeren zelfs 90 procent. Na een vreetperiode duurt het ongeveer 45 minuten totdat de koe begint met herkauwen. Als het basisrantsoen te weinig structuur bevat gaan koeien soms op zoek naar structuurrijk voer, zoals stro, graszaadhooi of natuurhooi.

Bij structuurarme rantsoenen neemt het risico op extreme pH-daling in de pens toe. De bacterieflora kan zodanig beïnvloed worden, dat gifstoffen gevormd worden.

Driekwart van de herkauwtijd ligt de koe. Een herkauwperiode duurt ruim een half uur. Per herkauwbrok maken de dieren normaal 50 tot 70 slagen. Rantsoenen met veel verhout materiaal (stro, graszaadhooi) leiden tot meer herkauwslagen. Minder dan 50 slagen is een aanwijzing voor te weinig structuur. Goed herkauwende hoogproductieve koeien produceren ongeveer 300 liter speeksel per dag.

Voeren is een precies karwei, waarbij de kwaliteit van het voer centraal staat. Bijvoorbeeld correcte verhoudingen van de voermiddelen en goed mengen. Rottend voer en broei verminderen de voerwaarde en geven stank. Smakelijkheid is essentieel voor optimale drogestofopname. De vraag is of dit meel goed verdeeld wordt over de voerbak.

Vraagstuk

Deze denkbeeldige stal heeft veilig bereikbare krachtvoerboxen en minder comfortabel bereikbare vreetplaatsen. De kans is groot dat vaarzen en verse koeien wel hun krachtvoergift vreten, maar relatief te weinig ruwvoer opnemen. Hoe probeer je de kans op pensproblemen bij deze dieren te verkleinen?

Mogelijke ingrepen:

- Geef zo min mogelijk krachtvoer in de boxen en bouw de gift langzaam op.
- Maak een aparte groep van vaarzen en pasgekalfde koeien.
- Zorg de hele dag voor maximale vreetplaatsen.
- Besteed veel aandacht aan de klauwgezondheid.
- Zorg voor een basisrantsoen met ruim voldoende structuur.

Voeropname

Selectie

Koeien selecteren op smaak, niet op voederwaarde. Hierdoor treedt gemakkelijk selectie aan het voerhek op, met name bij droge mengsels en voer met lange deeltjes (> 7 cm).

Deze selectie is te zien door:

- te kijken naar het eetgedrag;
- verschillen in mest tussen koeien met hetzelfde rantsoen;
- beoordelen voer en voerresten.
- het ontstaan van voerkommen.

Om lang, smakelijk voer te kunnen eten, likken de koeien lange vezels met hun tong uit het rantsoen. Kort voer valt naar beneden en dit eten ze van de grond. Je ziet de koeien dan kommen graven en het voer uitschudden.

Deze koeien vinden maïs veel lekkerder dan kuilvoer. Het rantsoen van de dominante koeien zal te veel maïs bevatten en dat van ranglage dieren te weinig.

Door het voer te onderzoeken met deze schudbox is snel te zien of de koeien te veel selecteren. Hier zijn drie monsters onderzocht: voer in de voerbak, voer op de rand van de bak en niet-aangeraakt voer. De fracties zijn even groot, dus de koeien selecteren nauwelijks.

Plaatsing van voerhek en -bak

Het voerhek moet veilig benaderd kunnen worden en het dient elk dier de ruimte te geven om rustig te eten. Eén voerplaats per aanwezige koe geeft de grootste zekerheid dat alle koeien goed kunnen vreten. Als kuddedieren willen koeien tegelijkertijd eten. Voortdurende beschikbaarheid van smakelijk voer doorbreekt dit gedrag. Op melkrobotbedrijven verdwijnt dit gedrag het duidelijkst, doordat de koeien niet meer bijeengedreven worden voor het melken.

De vaarzen in een aparte groep plaatsen geeft een hogere productie en minder risico op pensverzuring. De dieren kunnen rustiger vreten, waardoor ze vaker eten en kleinere maaltijden nemen. In totaal zullen ze meer droge stof opnemen. Strijd rond het voerhek leidt tot haastiger eetgedrag met het risico dat per maaltijd te grote porties worden genuttigd.

De voerbak moet minimaal 10 en maximaal 15 cm hoger liggen dan de staanplaats van de koeien. De natuurlijke, lage kophouding stimuleert een rustige voeropname met veel speekselproductie.

De onderkant van dit voerhek staat te hoog waardoor de koe met moeite onder uit de bak kan eten. Hierdoor kunnen knobbels in het kossem ontstaan. Oplossing: de onderkant van het voerhek verlagen.

Koeien kunnen minder goed wegvluchten uit een zelfsluitend voerhek. Twee horizontale pijpen bieden meer vluchtruimte, maar hebben het nadeel dat je geen vee kunt vastzetten. Positie bovenste pijp/kabel: 85% van de schofthoogte van de koeien (1,15-1,25 m) en 20-25 cm voorover geplaatst ten opzichte van de onderste pijp c.q. muur.

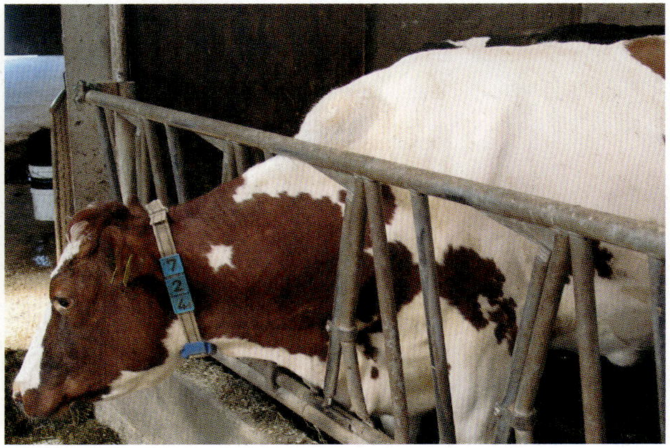

Dit voerhek is te klein en de bovenkant is te laag. De koe heeft hierdoor een beperkte reikwijdte en kan maar weinig voer pakken. Ze zet zich voortdurend schrap om bij het voer te kunnen en heeft hierdoor een vochtbuil op haar nek die kan gaan ontsteken. Bij het reiken belast ze haar voorklauwen overmatig.

Water

Onbeperkt fris drinkwater is even belangrijk als voldoende vers voer. Als koeien te weinig drinken, daalt hun drogestofopname en wordt de vertering negatief beïnvloed. Runderen drinken het liefst uit een laagliggende, grote plas water. Daarbij willen ze rustig en veilig kunnen staan. Als koeien de keuze hebben, nemen ze het schoonste en meest frisse water.

Nadat ze gelegen hebben volgen de dieren meestal het ritme: drinken, eten, drinken. Ook drinken ze graag direct nadat ze gemolken zijn. Verdeel drinkbakken dus goed over de stal en zet ze vlak bij het voerhek. Vuistregel: één grote drinkbak per twintig koeien of één kleintje per tien.

Drab op de bodem van een drinkbak vermindert de smakelijkheid van het water. Vooral in warme perioden treedt bacteriegroei op, waardoor het water gaat stinken en er gezondheidsrisico's ontstaan. Gooi de bak dagelijks een keer leeg en geef hem wekelijks een schoonmaakbeurt.

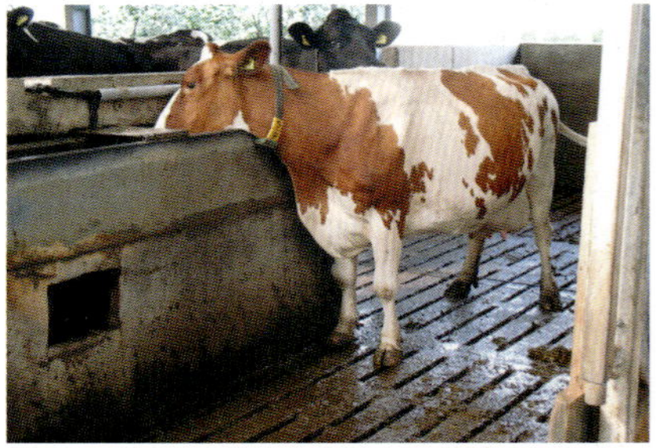

Deze koe moet zich flink uitrekken om uit de hoog geplaatste drinkbak te drinken. Als het waterniveau daalt, zal ze er amper meer bij kunnen. Kleinere dieren, zoals vaarzen, zullen grote moeite hebben om hier te drinken.

Een koe die op haar gemak komt drinken, doet dit in drie etappes: kort proeven, langer proeven en drinken. 's Winters, als het water koud is, staan koeien vaak met de tong in het water te spelen alvorens te drinken. Opwarmen van het water zorgt ervoor dat ze dan meer drinken en meer voer eten.

Conditiescore

De conditiescore (body condition score) geeft een subjectieve inschatting van de hoeveelheid onderhuids vet in de koekoeksgaten, het heupgebied en de lendenen van een koe. Veranderingen in conditie vinden plaats in de loop van weken tot maanden. De conditiescore stijgt als de koe een overmaat aan energie binnenkrijgt, een daling betekent dat ze te weinig energie opneemt.

Een broodmagere koe krijgt score 1, een moddervette geven we een 5. Alles wat daartussen krijgt een score tussen 1 en 5. Aldus ontstaat een meetlat, die het mogelijk maakt het conditieverloop te volgen en koeien naar energiebehoefte te voeren.

Een te vette koe loopt het risico dat ze te weinig vreet rondom het afkalven en in het begin van de lactatie. Een te magere koe heeft weinig weerstand. Sterke vermagering gaat gepaard met vruchtbaarheidsproblemen en een lage weerstand tegen ziektes. De vruchtbaarheidsproblemen bestaan uit: cysteuze eierstokken, niet-actieve eierstokken, slecht of niet tochtig worden en een mindere kwaliteit van het gele lichaam. De conditie mag maximaal 0,75 punt dalen tijdens de lactatie.

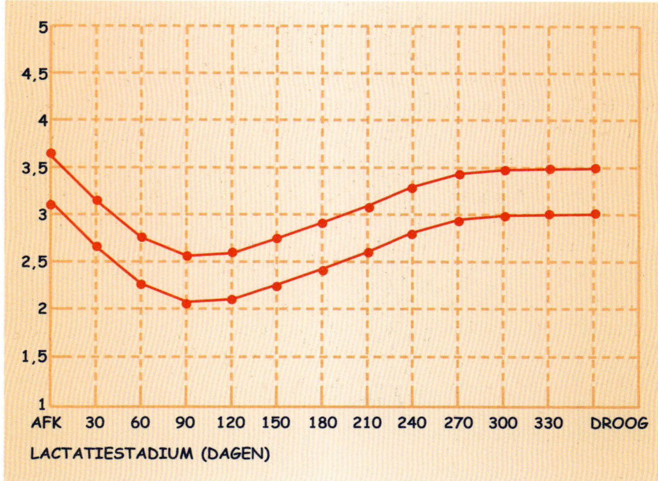

De conditiescore moet tussen de normlijn vallen. Dan is de koe niet te vet en niet te mager én past haar energieopname bij haar behoefte.

Zoekplaatje *Wat is je oordeel over de conditiescore en de pensvulling van deze koeien? De zwarte koe is vier weken in lactatie (foto: 13.30 uur), de witte twee maanden (foto: melktijd). Welke maatregelen neem je?*

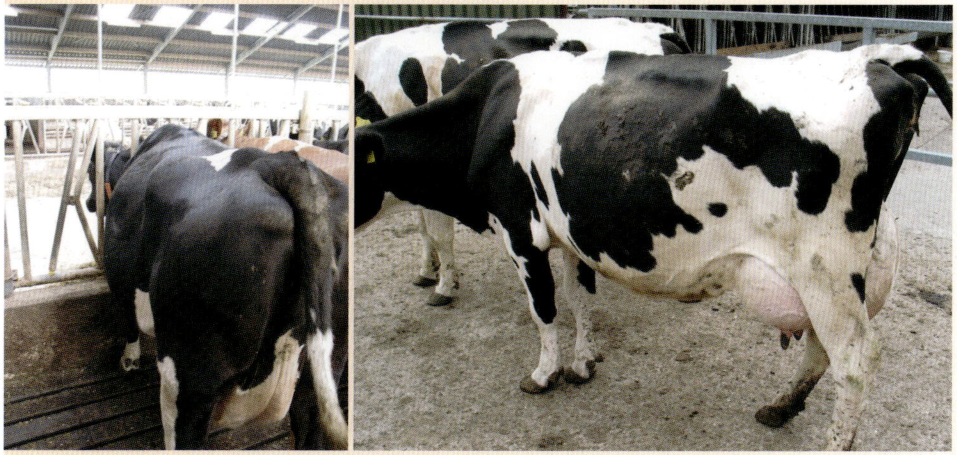

De witte koe heeft een conditiescore van amper 2 en een volle, diepe pens (score 4+). De hoge voeropname leidt tot veel melkproductie, wat de uier ook laat zien. Score 4 betekent dat de doorstroomsnelheid aan de lage kant is. De vraag rijst of de koe wel voldoende energie opneemt.
De zwarte koe heeft een conditiescore van 3,5 en een lege pens (score 1). Zij heeft vandaag te weinig gegeten (waarom?). Maatregel: voeropname van andere koeien controleren. Energie bijgeven om slepende melkziekte en leververvetting tegen te gaan.

Conditiescorekaart

Een veel gehanteerde conditiescore. In deze score is conditiescore 4 de ideale conditie bij afkalven.

	Score 1	Score 2	Score 3	Score 4	Score 5
	Zeer slechte conditie (uitgemergeld)	**Geraamte duidelijk zichtbaar**	**Geraamte en bedekking goed in balans**	**Bedekking heeft de overhand**	**Veel te vet**

	Score 1	Score 2	Score 3	Score 4	Score 5
Lendenwervels	doornuisteeksels: als tanden van zaag	doornuisteeksels: individueel te onderkennen	doornuisteeksels: vormen scherpe richel	doornuisteeksels: vlak, niet afzonderlijk te onderkennen	doornuisteeksels: ingebed in vet
	dwarsuitsteeksels: zeer prominent > 1/2 lengte zichtbaar	dwarsuitsteeksels: 1/2 tot 1/3 zichtbaar	dwarsuitsteeksels: 1/4 zichtbaar	dwarsuitsteeksels: vloeiende afgeronde richel	dwarsuitsteeksels: richel nauwelijks zichtbaar, ingebed in vet
Kruis	zitbeenderen zeer prominent met diepe V-vormige holte onder staart	zitbeenderen prominent, U-vormige holte onder staart	zitbeenderen afgerond, ondiepe holte onder staart	zitbeenderen omgeven door vet, met iets vet gevulde holte onder staart	zitbeenderen gebed in vet, holte gevuld met vet, plooien vormend

Bron: Gebruikersgroep Gezondheidsplanner (1999); Elanco Animal Health.

Wat vertelt conditiescoren?

Meetpunt	Oordeel	Signaal	Mogelijke acties
Gemiddelde score	Binnen normlijn	Goed: de koeien nemen naar behoefte energie op.	- Huidige situatie vasthouden.
	Hoog	Risico van slechte voeropname begin lactatie.	- Voorkom dat koeien te vet in de droogstand gaan. Geef extra aandacht aan de drogestofopname begin lactatie bij vette koeien.
	Laag	Te weinig energieopname en lage algehele weerstand.	- Drogestofopname verbeteren. - Energiedichtheid van het rantsoen verhogen.
Spreiding scores	Hoog	Grote verschillen tussen koeien: in energieopname en in energie-behoefte.	- Stel vast hoe de opnameverschillen ontstaan. - Maak de behoefte gelijkmatiger: fokkerij en productiegroepen.
	Laag	Goed: de koeien nemen naar behoefte energie op.	- Huidige situatie vasthouden.

Bij gevonden afwijkingen ga je verder kijken.

Eénmalige conditiescore koppel

Een praktische voorbeeld:
Op de dag dat de nieuwe rantsoenberekening binnenkomt, scoort boer Koeman alle koeien die langer dan zestig dagen in lactatie zijn. Hij bepaalt vervolgens de krachtvoergift volgens het schema:

- Conditiescore < 3,0 : + 10% meer krachtvoer dan het advies.
  Let op structuur!
- Conditiescore 3,0 - 3,5: conform advies.
- Conditiescore > 3,5: - 10% minder dan het advies.

Met name bij vaarzen vindt hij deze werkwijze van belang, in verband met de groei die zij nog doormaken. Het extra krachtvoer kan zich terug betalen in een hoger eiwitgehalte van de melk, bij een uitgebalanceerd rantsoen.

Herhaald scoren van koeien

- De conditiescore valt binnen de normaalwaarden: het voermanagement gedurende de hele lactatie verloopt goed.
- De conditiescore komt onder de normaalwaarden en verloopt 0,75 punt of minder: het voermanagement gedurende de hele lactatie verloopt goed, de algehele conditie kan beter.
- De conditiescore daalt meer dan 0,75 punt in het begin van de lactatie: de energieopname is te laag. Maak een kritische beoordeling van het droogstandsmanagement, periode rondom afkalven (transitie) en voeding begin lactatie.
- De koeien vervetten eind lactatie: rantsoen beter afstemmen op de behoefte, check energie-eiwitverhouding.

Met enige handigheid zijn vijftig koeien gauw gescoord. Met een computer kun je conditie aan de koe koppelen en pijlsnel grafieken en analyses laten maken. Maar ook handmatig heb je snel goede informatie op een rijtje.

Risicogroepen

Op elk bedrijf zijn groepen vee die gevoelig zijn voor bepaalde tekortkomingen in hun voeding. Deze groepen vereisen meer controle dan andere. Ook kunnen ze gebruikt worden om risico's te controleren: indicatorgroepen.

Door risicogroepen uit de koppel te halen en apart te plaatsen, verminderen de risico's. Dit klinkt heel theoretisch, maar gebeurt heel vaak in de praktijk. Denk aan aparte hokken voor pasgekalfde koeien en vaarzen, denk aan productiegroepen, en denk aan een ziekenstal. Aparte huisvesting van verse koeien en vaarzen zorgt ook voor meer ruimte in de melkkoppel.

Zoekplaatje *Bij het binnendrijven ziet u dit. Wat doet u?*

De dunne mest zegt dat de koe ziek is, of dat haar voeding niet klopt. Mogelijk heeft ze te veel krachtvoer opgenomen ten opzichte van het ruwvoer. Het kan een koppelsignaal zijn. Controleer of ze tot een risicogroep behoort voor pensverzuring en kijk of ze ziek is. Bij twijfel aan de koppel? Controleer dan tenminste vijf koeien uit dezelfde risicogroepen.

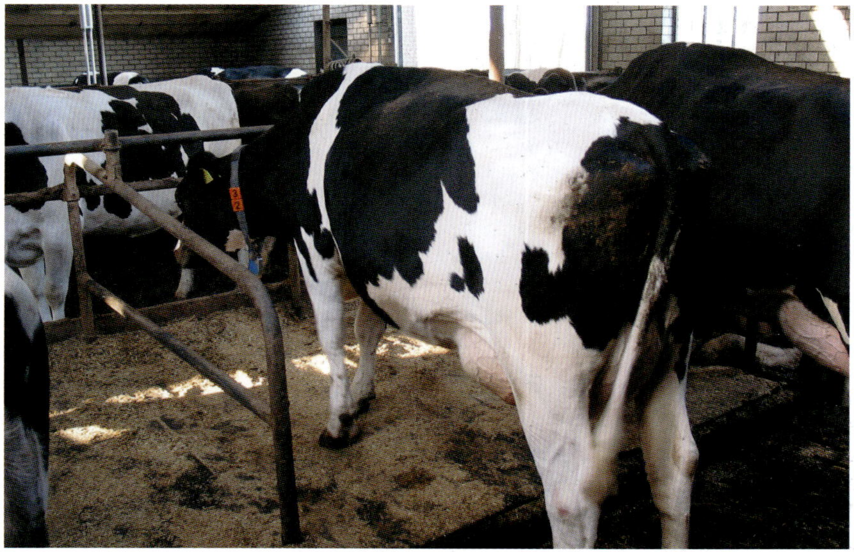

Vaarzen

Risico's: te weinig voeropname, pensverzuring en klauwbeschadigingen.

Rondom het afkalven worden juist bij vaarzen de bindweefsels erg week. Te energie- of eiwitrijke voeding vertaalt zich in zuchtvorming en zachte klauwen. Bij ontstaan van zucht spelen waarschijnlijk ook overmaat of verkeerde verhoudingen van mineralen een rol. Daarnaast nemen de dieren gemakkelijk te weinig ruwvoer op in verhouding tot krachtvoer, zeker als er te weinig vreetruimte is aan het voerhek. Klauwbevangenheid is dan een hoog risico. De optelsom van verweking en bevangenheid geeft een zeer grote kans op klauwproblemen.

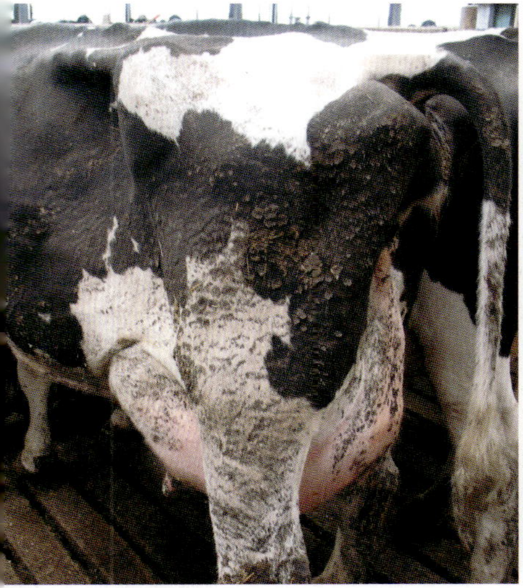

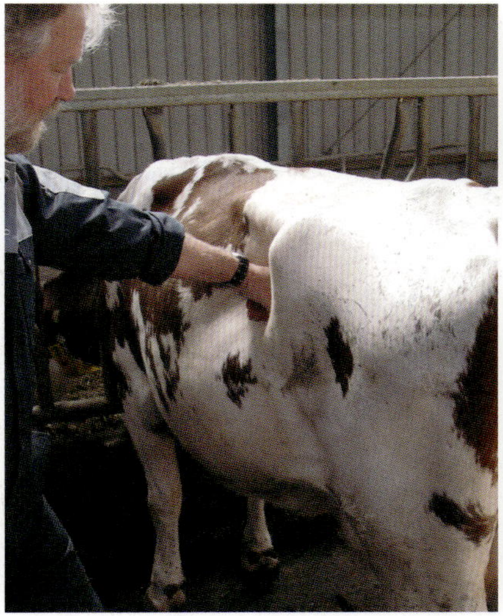

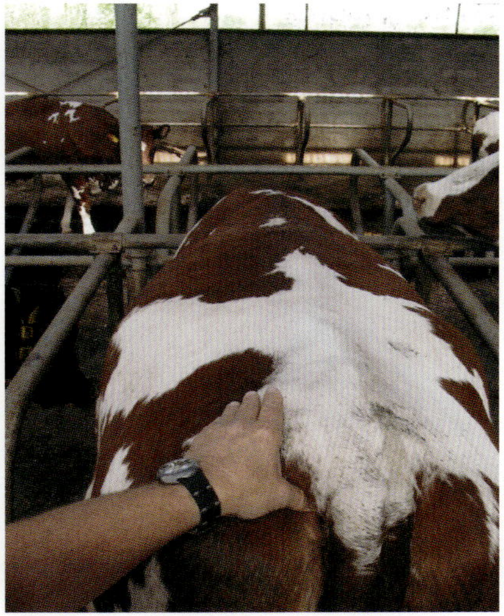

Pasgekalfde koeien

Risico's: kalfziekte, slepende melkziekte en leververvetting, pensverzuring, en baarmoeder- en uierontsteking.

Deze koe heeft nog weinig gegeten sinds ze gekalfd heeft. Dit betekent dat ze extra zorg nodig heeft. De mest op haar vacht vertelt dat ze in een smerig hok heeft gelegen, waardoor het risico op uier- en baarmoederontsteking is toegenomen. Ze houdt de staart al omhoog om haar temperatuur te laten opnemen.

Koeien in de eerste twee maanden na afkalven

Risico's: te weinig energieopname, pensverzuring en lebmaagdraaiing.

Een gezonde pens puilt appelvormig uit, voelt bij indrukken stevig en sappig aan en trekt ongeveer twee keer per minuut krachtig samen. Juist in de eerste zes tot acht weken van de lactatie kan de koe niet genoeg ruwvoer eten en kan haar pensinhoud verzuren door een overmaat aan snel afbreekbaar voer. Een verzuurde pens is slecht gevuld, heeft een slappe inhoud en trekt niet krachtig samen. De mest is slecht verteerd, ruikt zuur en is afwisselend dun en dik. De koeien herkauwen slapjes en te weinig. In de boxen kunnen herkauwbrokken liggen die ze uit de mond laten vallen.

Koeien eind lactatie

Risico's: vervetting en te snelle afbouw van de krachtvoergift.

Controle: conditiescoren, vet-eiwitgehalten in de melk. Deze koe heeft een conditiescore van 4 en verkeert in een uitstekende toestand om de droogstand in te gaan. Ze mag niet vetter worden. Vervetting treedt meestal op door ofwel een teveel aan energie en te weinig eiwit in het rantsoen, ofwel door een te rijk rantsoen ten opzichte van de melkproductie.

HOOFDSTUK 5

In de melkput

In de melkput kun je de koeien ideaal van dichtbij observeren.

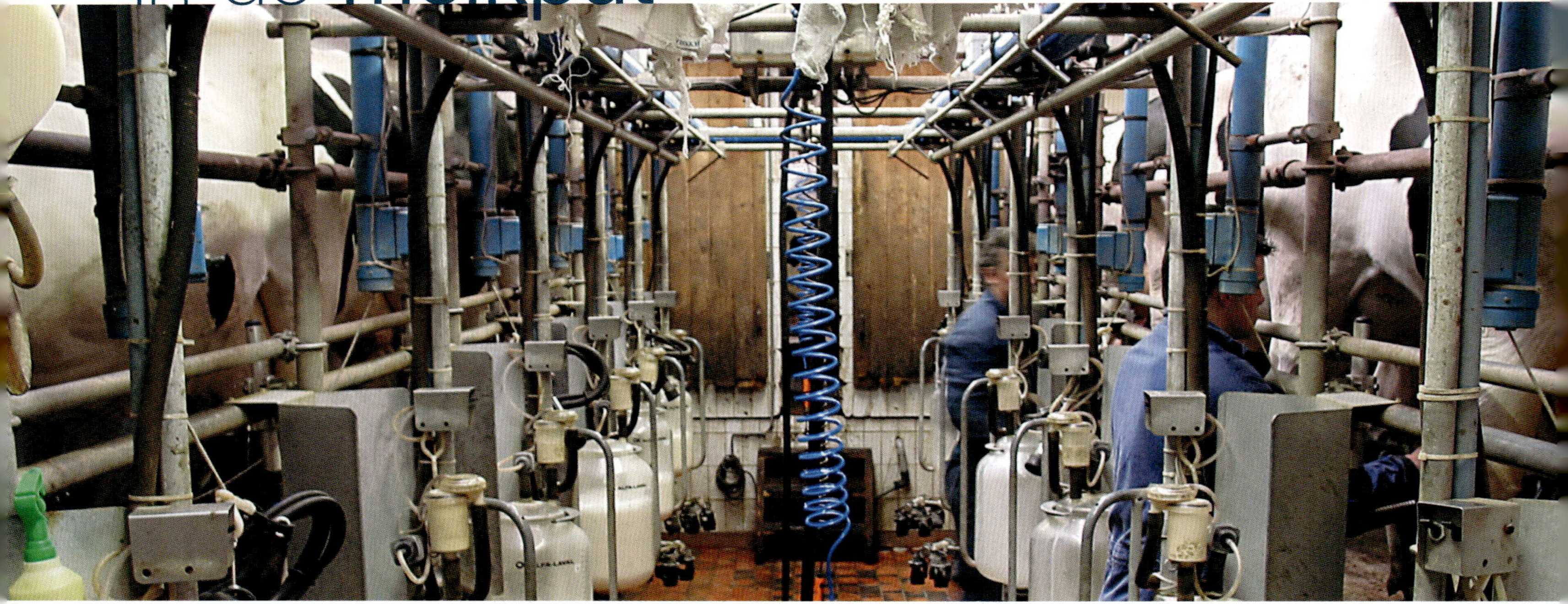

De melkkoeien lopen één voor één binnen. Ze blijven ruim vijf minuten staan, met uier, buik en poten goed in het zicht. Tijdens het voorbehandelen bevoel je uier en spenen en bekijk je de eerste melkstralen. Dan wordt de koe gemolken. Hoeveel is het? Dagelijkse routine, maar vol momenten om koesignalen op te vangen.

Voor veel boeren is het melken het mooiste moment van de dag. Zij genieten van de rust en het nauwe contact met de koeien. Rust in de melkput is een goed teken. De dieren voelen zich comfortabel. Hierdoor tonen ze duidelijk hun gezondheid of ongezondheid. Onrust ontstaat door angst en pijn of irritatie.
Kalme, diergerichte melkers bevorderen de rust van de koeien. Zij hebben vaak een uitstekend gevoel voor het vee en weten alles van elk dier. Niet alle veehouders hebben deze aangeboren eigenschap. Zij moeten moeite doen om alle informatie van hun dieren te verzamelen en te onthouden. Met name als verschillende personen de koeien melken, moeten zij belangrijke informatie goed vastleggen en zeker overdragen, zoals antibiotica in de melk. Hang hiertoe een notitiebord op een goed zichtbare plaats vlak bij het werk.

Meer leren zien

Alleen door de tijd te nemen om te kijken kun je bewust dingen zien. En ook in de melkput geldt dat je kunt leren méér te zien. Hierbij moeten uiteindelijk goede gewoontes ontstaan, bijvoorbeeld altijd de voorstralen beoordelen en de pensvulling, de hakken en de klauwen.
Als een melker zich prettig voelt, komt dit het werk ten goede. Zorg dus voor voldoende licht, zodat ook de belangrijkste werkplek is verlicht: de onderkant van de uier. Een goede melkput is 's winters warm en 's zomers koel. Tocht is ongewenst, evenals vliegenoverlast.

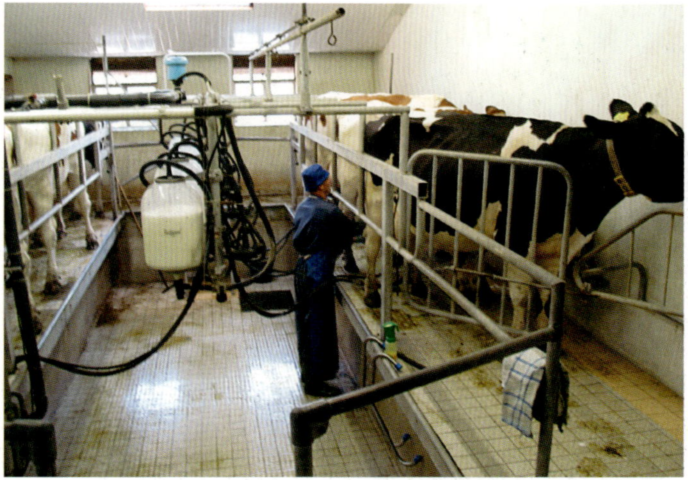

Voldoende licht op de werkplaatsen (minimaal 250 lux) geeft een prettig werkcomfort en zorgt dat je kunt zien wat je moet zien. Hang veel lampen op de juiste plaats. Een ventilator zorgt voor verfrissing, verjaagt vliegen en houdt de formalinedamp van een voetbad uit de melkput.

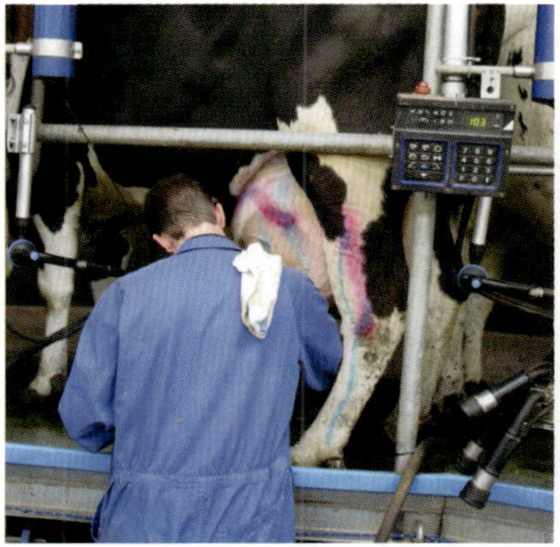

Ken uw koeien. Deze stal heeft automatische koeherkenning. De koe achter de gemerkte koe heeft bandnummer 103. Veel veehouders herkennen hun koeien even snel aan de uier als aan de kop of de aftekening.

Hoe beter het zicht op de koe, hoe meer informatie zichtbaar wordt. In melkstallen waar de koeien slecht te zien zijn, zult u als veehouder buiten de melkput meer controles moeten doen.

Gedrag bij binnenkomst

De dieren mogen niet angstig zijn rondom melken. Let dus goed op hun gedrag: Hoe graag komen de koeien binnen? Als ze angst vertonen, waar komt die dan vandaan? Is het melken pijnlijk? Hebben ze onprettige ervaringen in de melkput? Of is de vloer te glad?
De koeien komen meestal in dezelfde volgorde de melkstal binnen. Dit weerspiegelt de sociale orde in de koppel. Als een koe niet op haar vaste plaats binnenkomt, is er wellicht iets met haar aan de hand.
Hardhandig opdrijven leidt tot conflicten en vervolgens tot abrupt afzetten met de poten. De koeien beschadigen zich en zullen meer klauwproblemen krijgen. Bovendien worden ze schuwer. Door onrust, angst en pijn komt ook het stresshormoon adrenaline vrij. Dit remt oxytocine, het hormoon dat ervoor zorgt dat de koe haar melk laat schieten. Behalve melkschieten en baarmoedersamentrekking veroorzaakt oxytocine ook dorstgevoel. Vandaar dat koeien graag wat drinken tijdens en na het melken. En na het afkalven.

Gedrag bij vertrek

Koeien moeten de melkstal rustig en comfortabel kunnen verlaten. Dit betekent dat ze geen angst moeten hebben voor uitglijden en opjagen. Korte, haakse bochten en gladde vloeren vormen risicoplaatsen voor de dieren. Ze zijn hier erg bang voor. Koeien hebben ook een hekel aan afstapjes. Een glooiende helling kan wel, met de melkstand op het hoogste punt.
Schrikachtigheid en intentiebewegingen zijn de eerste signalen dat de dieren angstig zijn. Contructies met uitstekende punten en schrikdraad vormen hindernissen. Dit geldt ook voor een ophoping van koeien bij de uitgang. Vermijd risico's en verwijder hindernissen.

Deze koeien stappen nieuwsgierig de melkstal binnen. Ze zijn niet bang. Angst om de stal binnen te komen is een ongunstig signaal.

Koeien moeten wennen aan een voetbad. Ze dienen er in alle rust doorheen te kunnen lopen, zodat ze geen slechte ervaringen opdoen (gladde bodem, bijtende formalineconcentratie). De vloer van het bad hoort op dezelfde hoogte te liggen als de vloer ervoor en erna. In een goed voetbad zetten koeien minstens twee stappen en worden de bijklauwtjes geraakt (ca. 3 meter lang en 15 cm diep).

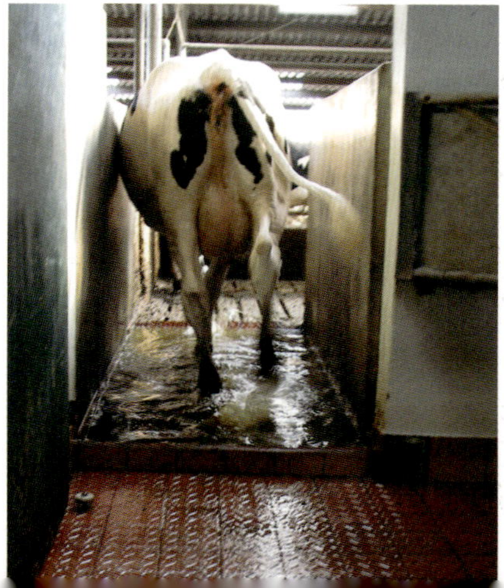

Rust bij het melken

Het aansluiten van het melkstel, het melken zelf en de afname van het melkstel moeten in alle rust plaatsvinden. Dit houdt in dat de melker rustig moet zijn en de koeien nauwelijks reageren op het melkproces.
Onrust en schrikachtigheid hebben uiteenlopende oorzaken, variërend van pijn tot angst voor de melker en vragen om krachtvoer. Ook mesten en urineren zijn signalen van onrust.
De reactie van de koe op het zuigende geluid van het melkstel is ook een signaal. Het dier moet hier niet van schrikken. Een schrikreactie kan het gevolg zijn van straffen door de melker na het aftrappen van het melkstel.

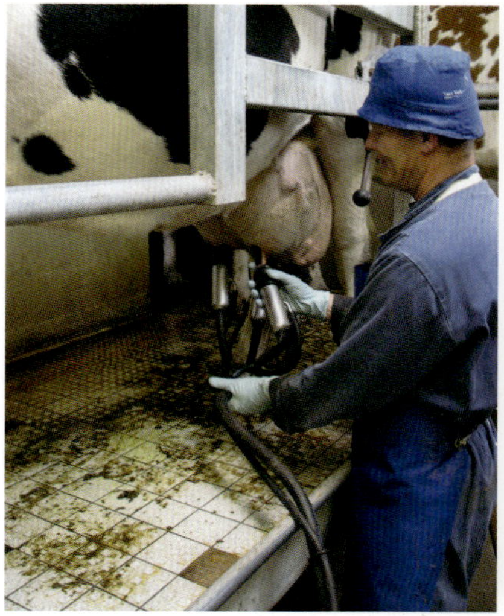

Hoe gedragen de koeien zich tijdens het aansluiten van het melkstel? De dieren moeten stilstaan, want dan kan het aansluiten snel en zonder veel luchtzuigen gebeuren.

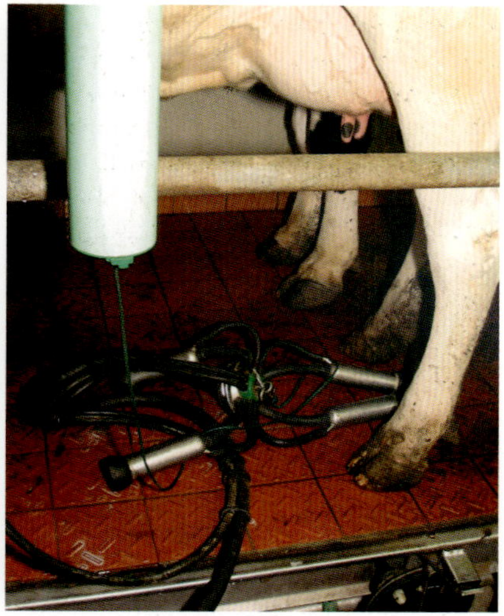

Bepaalde koeien zit het in het karakter, maar onrust of het aftrappen van het melkstel moet altijd leiden tot alertheid bij de melker. Waarom doet de koe dit? Heeft ze ergens last van?

Oorzaken van onrust in de melkstal

- Niet optimaal werkende melkmachine.
- 'Ruwheid' van de melker.
- Te korte stand: de koeien staan ongemakkelijk.
- Belonen van onrustig gedrag met extra krachtvoer.
- Ruw afnemen van het melkstel.
- Speenbeschadigingen (pijnlijke spenen).
- Overlast door vliegen.
- Elektrische lading melkstel, hekwerk.

Zorg dat het melkstel binnen één minuut na eerste aanraking van de spenen is aangesloten. De melk moet vrijwel direct stromen en blijven stromen; het voorbehandelen is dan goed verlopen. Slecht laten schieten van melk kan een teken zijn van onrust, angst of pijn.

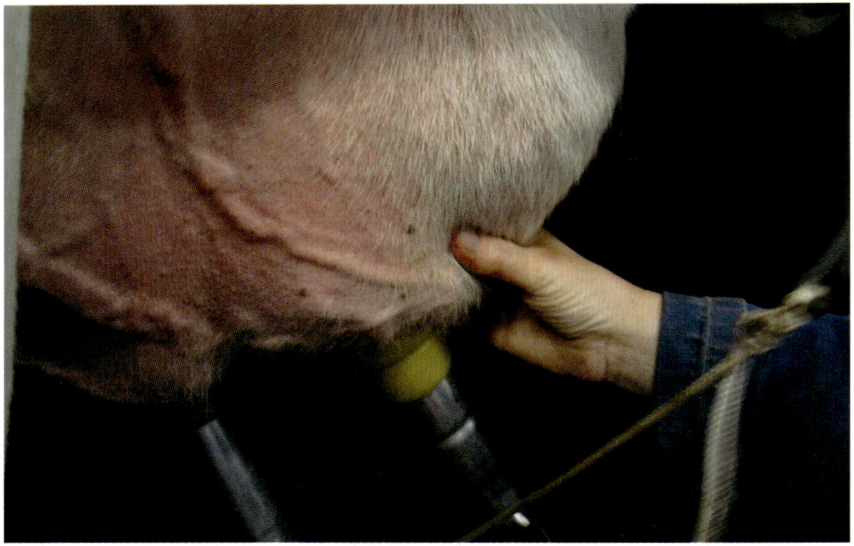

Met de hand kun je eenvoudig de hoeveelheid restmelk voelen. Te veel restmelk betekent dat het melken niet goed verloopt. Een slanggeleider hangt het melkstel recht onder de uier, zodat het optimaal kan werken.

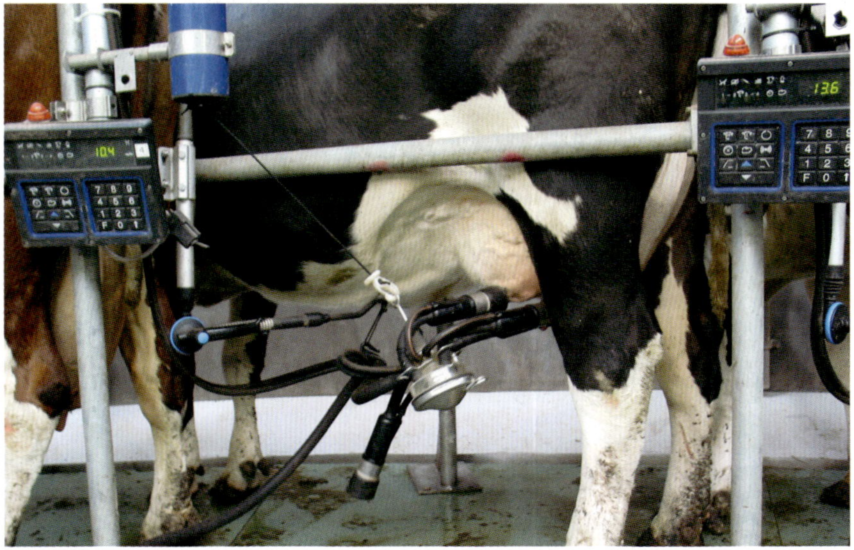

Als de melkmachine en de melker hun werk goed doen, verloopt de afname van het melkstel in alle rust. De koeien reageren niet of nauwelijks.

Routinematig werken

Koeien zijn gewoontedieren. Experimenteel onderzoek heeft laten zien dat een vaste routinematige manier van voorbehandelen en aansluiten van het melkstel ervoor zorgt dat de koeien zich sneller en beter laten uitmelken, dan wanneer de melker wisselvallig werkt.

Afname van het melkstel

De achterkwartieren van de uier bevatten altijd meer melk dan de voorkwartieren. Aan het eind van het melkproces moeten alle kwartieren leeggemolken zijn. Neem het melkstel dus pas af als de achterkwartieren voldoende leeg zijn. Dit brengt wel een tijdlang blindmelken van de voorkwartieren met zich mee.

Gedrag tijdens het melken

Terwijl ze gemolken wordt, kijkt de koe dromerig voor zich uit. Zij voelt zich comfortabel. Vaak herkauwt ze. In sommige melkstallen krijgen de koeien krachtvoer, andere veehouders geven water en velen verstrekken niets. Krachtvoer lokt de koeien de stal in en stimuleert het laten schieten van de melk. Wees heel consequent en zorgvuldig met krachtvoer geven, want de koeien kunnen erom gaan vragen door onrustig gedrag en het aftrappen van het melkstel. Dit aangeleerde gedrag ontstaat doordat het wordt beloond met een krachtvoergift. Sommige koeien weten zelf de krachtvoerdoseerder te bedienen.

Reinheid en hygiëne

Koeien moeten schoon zijn. Waarom? Ten eerste omdat goede hygiëne ziektes voorkomt. Maar ook omdat vuil negatieve signalen geeft: het dier is of was ziek (diarree) of er ging onlangs iets fout (gevallen, besprongen). Bij dieren die altijd vuil zijn, kun je veranderingen in reinheid moeilijk zien.

Vuile uiers en spenen

Vuile uiers en spenen geven extra kans op uierontsteking.
Twee typen bacteriën bedreigen de uier:
1. **Koegebonden kiemen** die op de huid van de koe leven. Zij gaan in de melkput over van koe op koe.
2. **Omgevingskiemen** die in de ligboxen overleven en vooral daar de uiers besmetten.

Vuile klauwen

Vuile klauwen vertellen dat er veel mest op de roosters ligt of dat de mest dun is. Hierdoor bevinden de klauwen zich een groot deel van de dag in de nattigheid. Een roosterschuif of een andere manier om de roosters droog te maken zorgt voor een drogere en schonere omgeving voor de klauw.
Vuile, natte klauwen:
- zijn gevoeliger voor ziektes (zachte hoeven en huid, mest bevat ziektekiemen);
- maken het voetbad ineffectief;
- zorgen voor overdracht van ziektes naar de spenen.

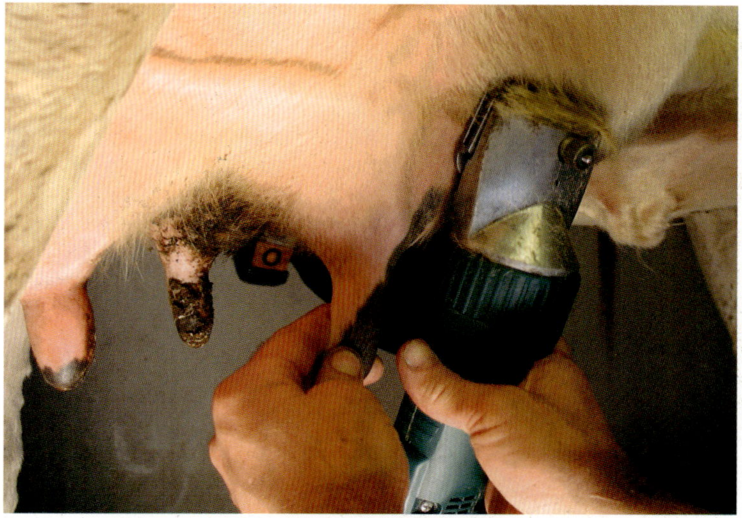

Vuile uiers bevatten allerlei bacteriën en zijn bovendien niet goed te reinigen. Scheren vergroot de hygiëne, het werkgemak en het zicht op uier en spenen. Schone uiers helpen ook bezoedeling van melk met vuil en bacteriën te voorkomen.

Bij vuile klauwen zal een voetbad weinig effectief zijn. De vloeistof komt simpelweg niet op de plaats van bestemming. Klauwen schoonspuiten kan het best niet in de melkput gebeuren uit oogpunt van hygiëne.

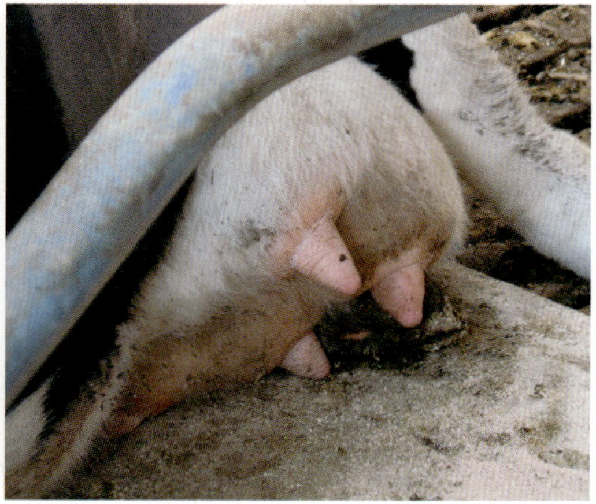

Deze foto toont een derde reden om te streven naar schone, droge klauwen. Omgevingsbacteriën, zoals E. coli en S. uberis, zitten in mest en komen met de klauw erg dicht bij het slotgat van de speen.

Haarverlies ontstaat door afschuren of afsnijden op de ondergrond van de ligbox (strooisel en/of bodembedekking). Deze hak is bovendien gezwollen. Dit betekent dat hij gekneusd raakt op een harde ondergrond bij het gaan liggen, verliggen en gaan staan in de ligbox.

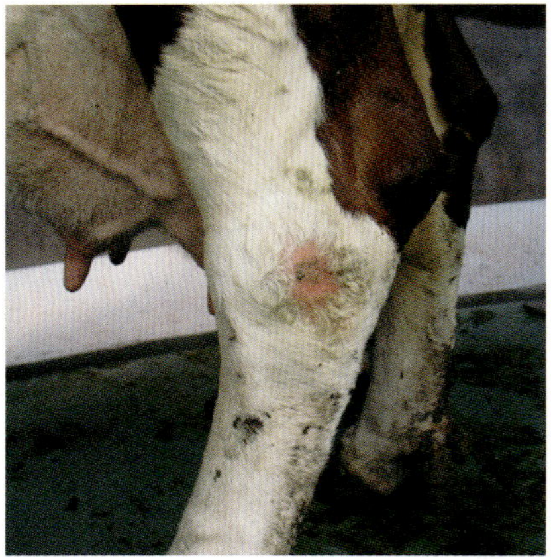

Hakken

De hakken van de koeien komen tijdens het melken op ooghoogte voorbij. Dit maakt de melkput tot de beste plaats voor een inventarisatie van de hakgezondheid. Controle in de melkput dient om het aantal hakbeschadigingen en de aard ervan vast te stellen. Kaalheid is een toelaatbare beschadiging. Kneuzing en ontsteking betekenen pijn en ongemak en zijn ernstige signalen.
Onderneem actie als er te veel beschadigde hakken of voorknieën zijn. De oorzaak schuilt in de bodem of de constructie van de ligbox, en/of de klauwgezondheid.

Doelstelling voor ligboxbeschadigingen

- Kaalgeschuurde plekken maximaal 30%
- Kneuzingen maximaal 10%
- Huidontsteking maximaal 10%

Stel uw eigen doelen.

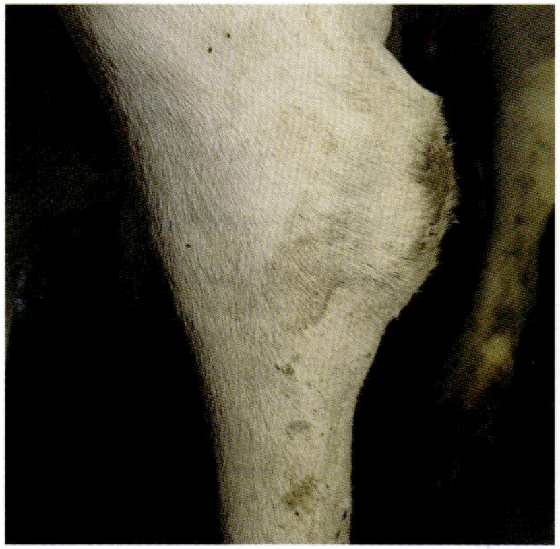

Door kneuzing ontstaat een onderhuidse vochtophoping op de botknobbels van de hakken, die na enige tijd wordt ingekapseld. Zo vormt zich een vochtgevuld stootkussen waarvan het dier geen directe hinder heeft: de acquisite bursa. Maar het is wel een signaal van ongemak in de ligbox.

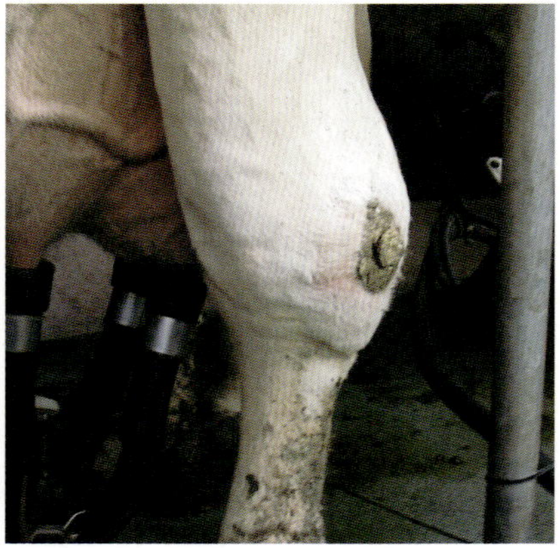

Door irritatie en vuile of natte ligplaatsen kan de hakhuid ontstoken raken. Bij uitbreiding naar de onderhuid gaat de koe stram lopen. In ernstige gevallen raakt ook het gewricht geïnfecteerd. Het dier is dan plotseling zeer kreupel en zal niet meer herstellen.

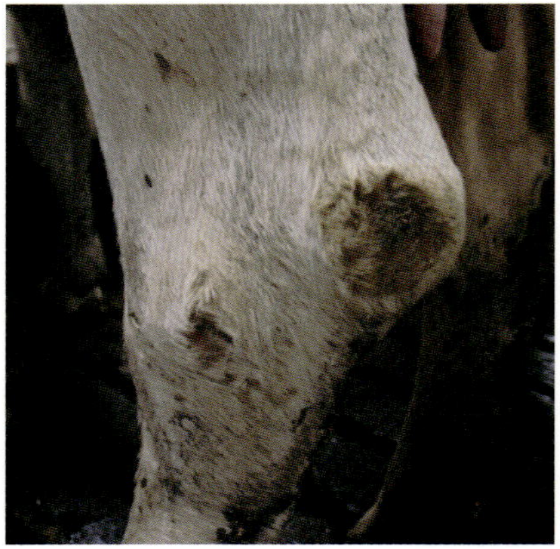

Hier raakt de knobbel van de sprong bevuild en geïrriteerd. Zeurende zweren verminderen het welzijn en de weerstand van de koe. Korsten irriteren en versterken het ontstekingsproces.

Klauwen

Wat geldt voor de hakken, geldt ook voor de klauwen: de melkput vormt een uitstekende plaats voor een beoordeling van de bovenkant van de klauwen. Voor de onderzijde is een inspectie in de stal een betere plek. Het gaat allereerst om een algehele indruk van de gezondheid, de hygiëne en de stand. Vervolgens kijk je gericht naar pijnlijkheid, zwelling van de kroonrand en tekenen van bevangenheid.

Stand

Als veehouder moet je zeer kritisch zijn op de juiste stand van de klauwen. Afwijkingen ontstaan door scheve afgroei in combinatie met onregelmatig afslijten. Stinkpoot, bevangenheid en de aangeboren klauwstand spelen hierbij een rol. Ook verkeerd bekappen kan de oorzaak zijn dat te veel koeien niet goed op de klauwen staan. Een klauw groeit ongeveer 0,5 centimeter per maand (1 à 2 millimeter per week).

De gewenste stand van een klauw.

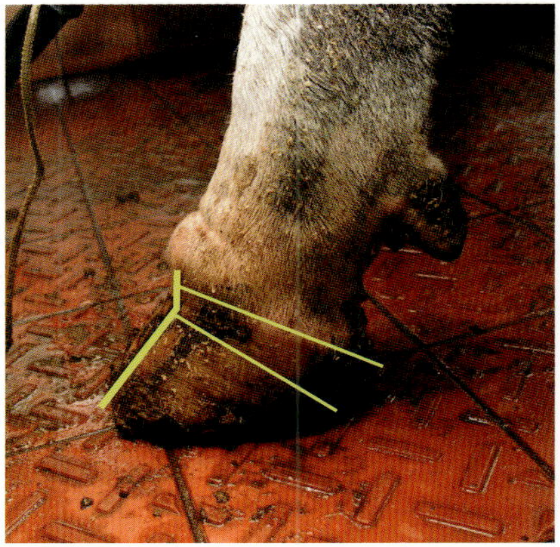

Door klauwbevangenheid verweekt de aanhechting van de klauwwand aan het klauwbeen. De klauwpunt wipt op. Dit is in de melkput zichtbaar als een knik in de voorrand van de klauw (dikke lijn) en niet evenwijdig lopende groeiringen (dunne lijnen).

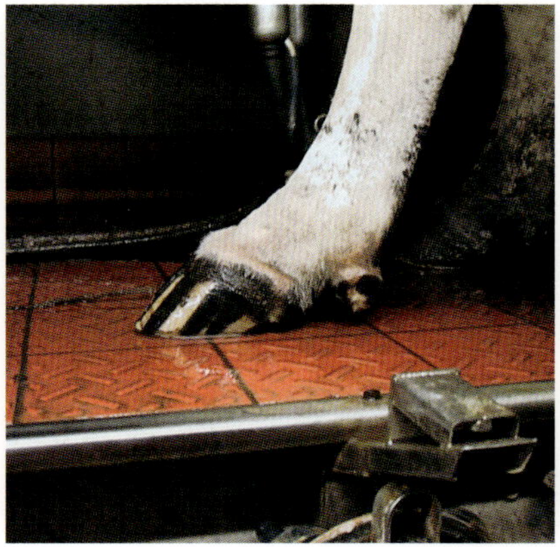

De stand van de klauwen van deze koe is op zich correct, maar haar poten zijn wel erg week in de koten. Te steile hakken, het andere uiterste, verlagen de schokdempende capaciteit van de poten.

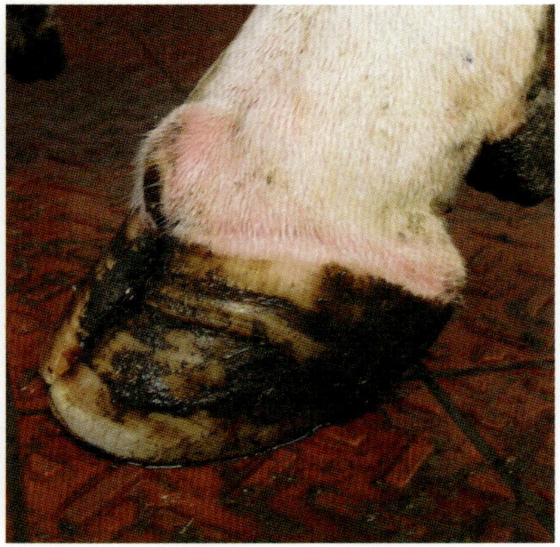

Duidelijke zwelling en roodheid van de kroonrand: er is een ontsteking in het klauwgebied, meestal als gevolg van stinkpoot.

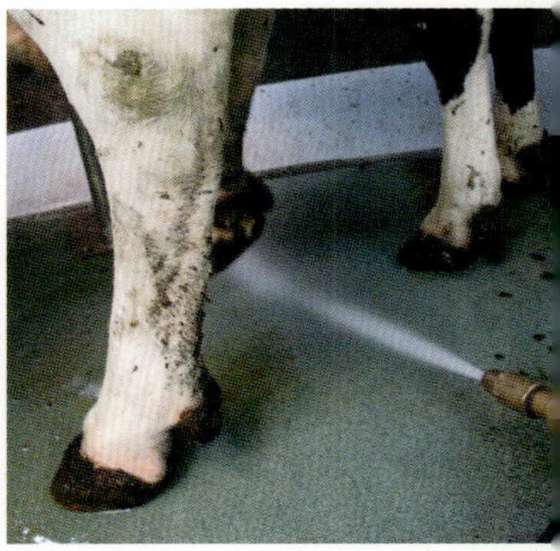

Koeien met pijnlijke klauwen tillen regelmatig hun voeten op. Koud water op een klauw met een open wond – vaak een mortellaroplek – geeft een onmiddellijke pijnreactie. Deze koeien zullen proberen het voetbad te omzeilen.

Melk bekijken

Voorstralen is de beste manier om vast te stellen of de melk goed is. De eerste stralen openen het slotgat en spoelen bacteriën in en om het slotgat weg. Op een donkere ondergrond kan de melk vervolgens worden beoordeeld.
Afwijkende melk kan vlokken/stroppen bevatten. Deze bestaan uit geklonterd melkeiwit. In ernstige gevallen bevatten zij ook stollingseiwit uit het bloed, dat door de bloedvatwand naar de melk is weggelekt.
Mastitismelk heeft een hoger zoutgehalte dan normale melk. Van dit principe wordt gebruikgemaakt bij de meting van geleidbaarheid van melk als aanwijzing voor mastitis. Te laat ontdekken van mastitis betekent te laat behandelen en een grotere kans op besmetting van andere koeien. Des te eerder de behandeling, des te groter de slagingskans.
Als de melker hygiënisch werkt – dus zorgt dat de handen schoon blijven – geeft voorstralen geen kans op het overbrengen van mastitisbacteriën.

Foto's Praktijkonderzoek ASG, Lelystad

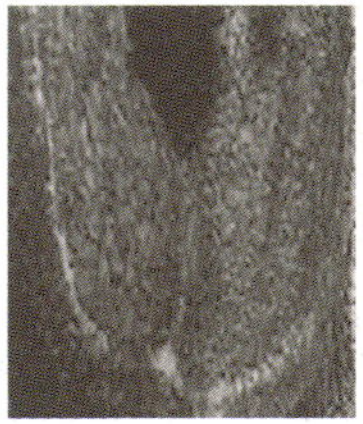
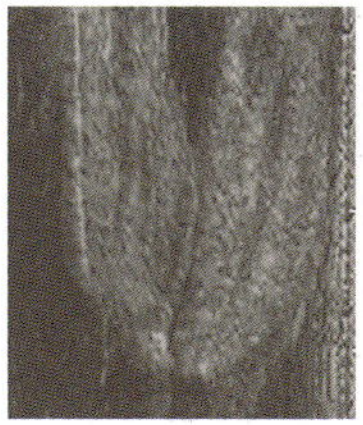

Echo-opname van dezelfde speen voor (links) en na (rechts) het melken. Door het melken is de speenwand dikker geworden en staat het slotkanaal open, waardoor bacteriën eenvoudig kunnen binnendringen.

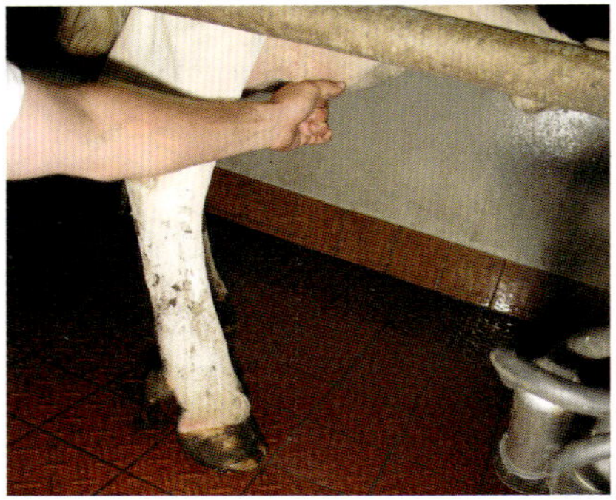

Deze koe heeft al lange tijd mastitis, haar melk is vrijwel kleurloos.

Bloedstolsels en roodverkleuring van de melk ontstaan door gesprongen aders in de uier. Dit komt regelmatig voor bij vaarzen, door de sterke groei van de uier en door zuchtvorming. Soms ontstaan de verschijnselen doordat de koe uitglijdt of valt. Deze bloedingen genezen vanzelf.

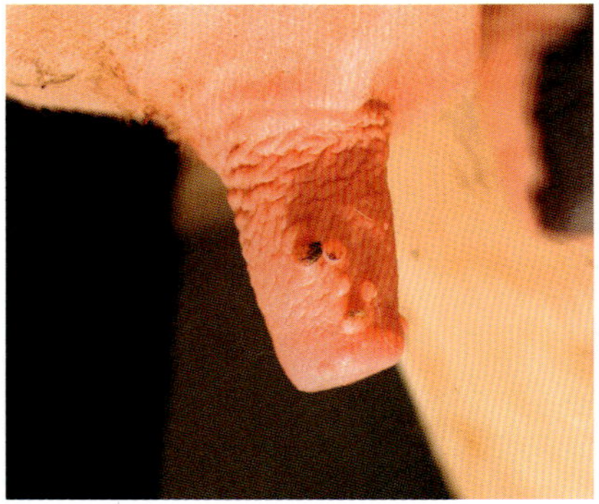

Wratten worden veroorzaakt door virussen. Op zichzelf kunnen wratten geen kwaad, tenzij ze vlak bij het slotgat van de speen zitten. Hier bemoeilijken ze de melkuitstroom en verhogen ze de kans op infectie met bacteriën.

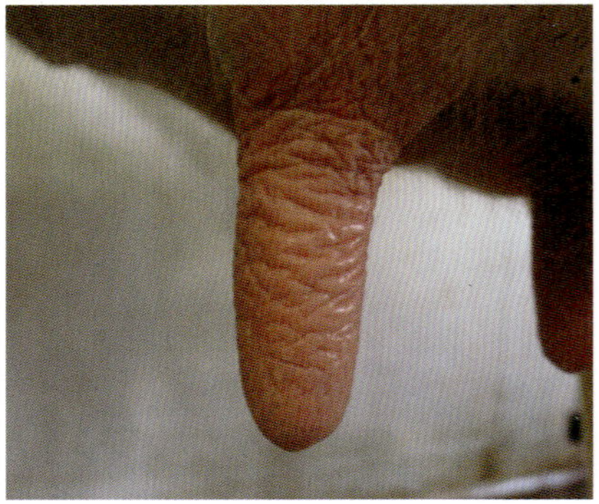

Een gladde, soepele speenhuid. Een droge of beschadigde huid kan pijnlijk zijn en is een verzamelplaats voor bacteriën. Verzorgende spenendips hebben een desinfecterende en huidverzorgende component (glycerine, lanoline). Raak bij dippen of sprayen ten minste het onderste derde deel van de speen aan alle kanten.

Speengezondheid

Machinaal melken is een intensief proces voor de speen. Gezonde spenen en een goed werkende melkmachine vormen de voorwaarden voor succes, samen met een correcte vorm van de speen, een juiste speenplaatsing en voldoende melksnelheid.

Speenpuntvereelting

De speenpunt met het slotgat vormt een cruciale barrière tegen binnendringende bacteriën. Door de krachten op de speenpunt tijdens het melken ontstaat vereelting. Bij rafelige eeltringen is de kans op uierinfecties en mastitis veel groter dan bij gladde. Oorzaken zijn:

- Een te hoog melkvacuüm.
- Het melken van de koe duurt te lang.
- Doormelken als het kwartier leeg is (blindmelken).
- De zuigrustslagverhouding van de melkmachine klopt niet (pulsatorafstelling).
- De melkvoering past niet (afwijkende speenvorm/verkeerde voering).

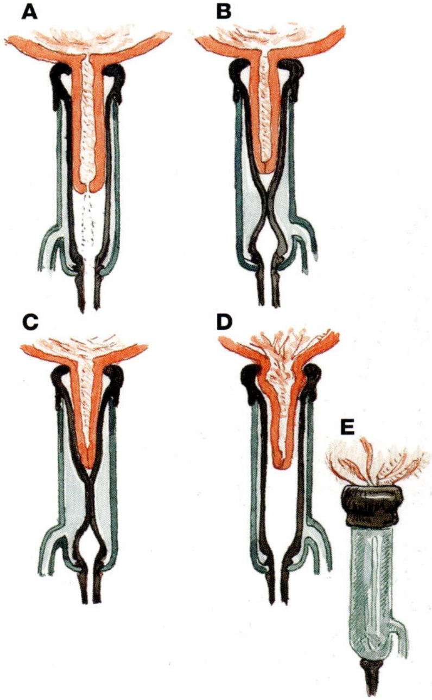

Bij een normale werking (A en B) wordt de melk tijdens de zuigslag uit de tepel gezogen door het vacuüm. De tepelvoering sluit tijdens de rustslag.
Bij een puntige speen sluit de tepelvoering onder het slotgat te strak aan (C). Hierdoor treedt speenpuntvereelting op. Dit komt vaker voor bij jonge dieren, met kleine spenen.
Afbeeldingen D en E tonen het opkruipen van de tepelbeker door lekkage van vacuum langs de speen. De tepelvoering is te wijd. Je ziet na afname een aftekening van de stootrand aan de tepelbasis.

Signalen dat de melkmachine niet goed is afgestemd op de koe

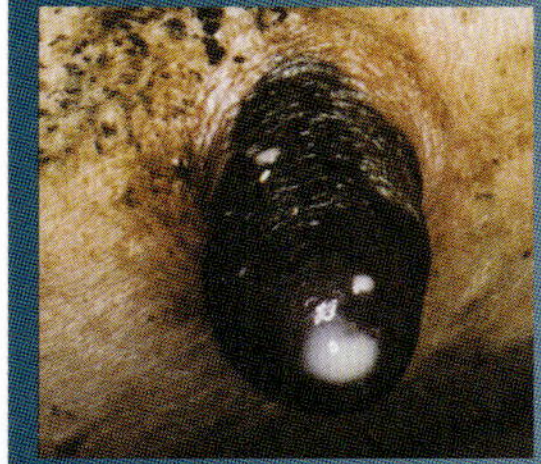

De speen hoort na het melken droog uit de tepelbeker te komen. Bij natte spenen is de melkafvoercapaciteit te laag. De melk uit de tepelbeker schiet terug in de speen. De uier kan geïnfecteerd raken met bacteriën van de eigen speenhuid of die van een vorige koe.

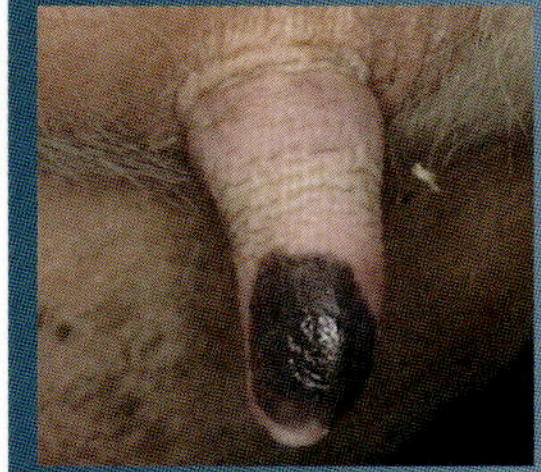

Zolang de tepelvoering de tepel passend omsluit, ligt het vacuüm in de stootrand veel lager dan in de ruimte onder de speenpunt. Bij kleine spenen (vaarzen), te grote speenvoeringen of nat voorbehandelen kan dit vacuüm te groot worden. Pijnlijke bloedstuwing in de speenpunt en onrust zijn het gevolg.

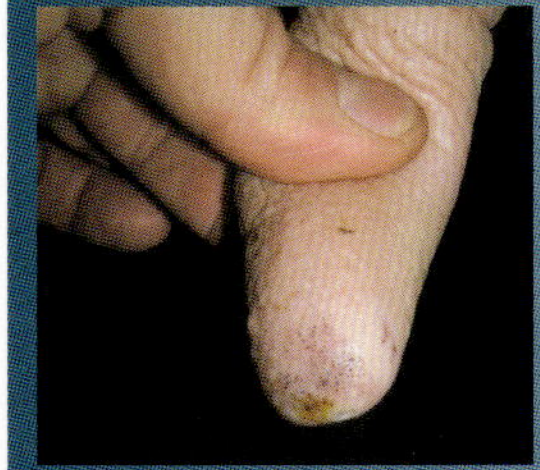

Door een te hoog vacuüm bij de speenpunt ontstaan kleine bloedinkjes in de huid van de speen. Dit gaat gepaard met bloedstuwing in de speenpunt. De koeien zullen zich niet graag laten melken vanwege de pijnlijkheid.

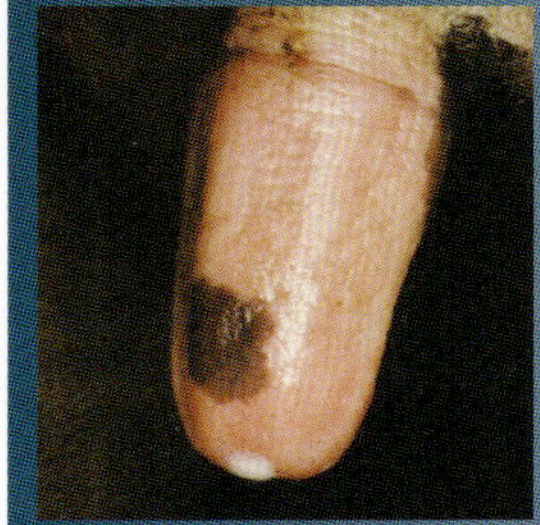

De knijpstreep komt doordat de speen heeft klemgezeten in de tepelvoering. Oorzaak is een versleten, stugge of wijde voering of een te lange rustfase van de pulsator (d-fase).

Foto's Praktijkonderzoek ASG, Lelystad; T. Hetreau, Centre d'Elevage.

Speenscore

Een speenscore moet antwoord geven op de vraag: verloopt het melkproces goed of moet ik melkmachine en melktechniek laten controleren (via een dynamische oftewel natte melkmeting)? Spenen kun je scoren in de melkput, direct na afname van het melkstel. Doe dit maandelijks.

Wanneer actie ondernemen?

- Meer dan 20% van de koeien valt in speenscore 3 of 4.
- Meer dan 30% van de koeien in de tweede tot vijfde maand van de lactatie heeft gladde, dikke eeltringen (score 3).
- De scoreuitslag is duidelijk verslechterd sinds vorige keer.

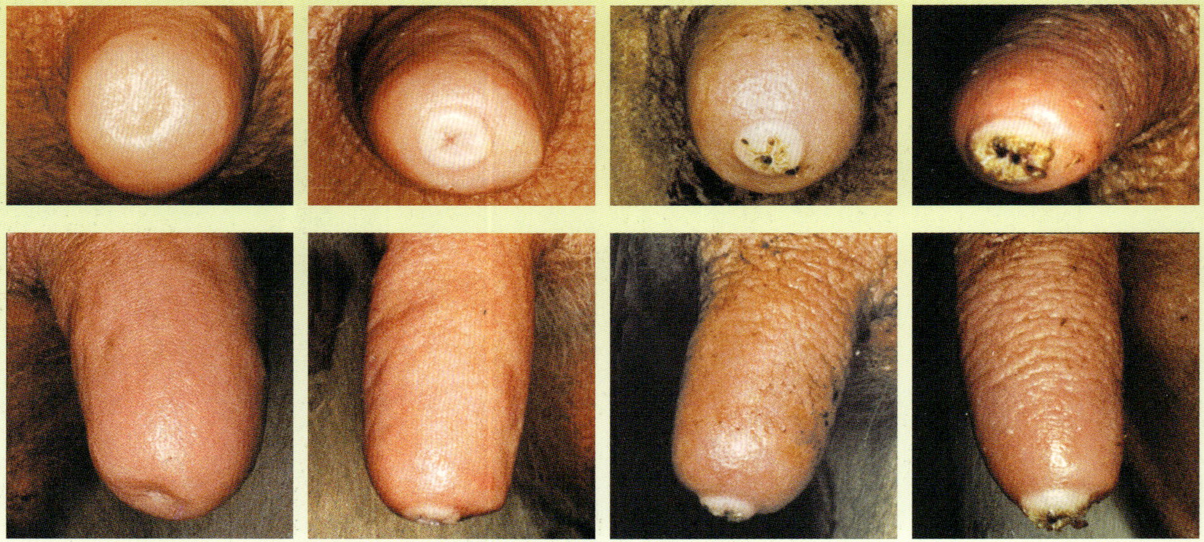

Score 1

Geen eelt.

Score 2

Gladde, matig dikke eeltring.

Score 3

Matig ruwe eeltringen met enkele hoornrafels.

Score 4

Zeer ruwe eeltringen met veel hoornrafels.

Praktijkonderzoek van Animal Sciences Group, Lelystad
Het Praktijkonderzoek van de Animals Sciences Group in Lelystad heeft een verder uitgewerkt speenscoresysteem ontwikkeld. Voor een geoefende gebruiker levert dit zeer praktische informatie op.

Pensvulling

Koeien die met hun linkerkant naar de melker toe staan, laten uitstekend hun pensvulling beoordelen. Met enige oefening krijg je ook aan de rechterkant een goede indruk.
Melkputten zijn heel verschillend wat betreft het zicht op de koeien. Afhankelijk van de melktijd zullen de pensen van de laatste koeien leger zijn dan die van de eerste. In de melkput kun je vaak ook goed de diepte van de pens waarnemen, wat een indruk geeft van de inhoud en de dikte van de structuurlaag.
Het lactatiestadium is van belang voor een goede inschatting van buik- en pensvulling. Tien weken na afkalven moet de maximale drogestofopname bereikt zijn. Vanaf vijf maanden dracht neemt de baarmoeder zichtbaar ruimte in de buikholte in.

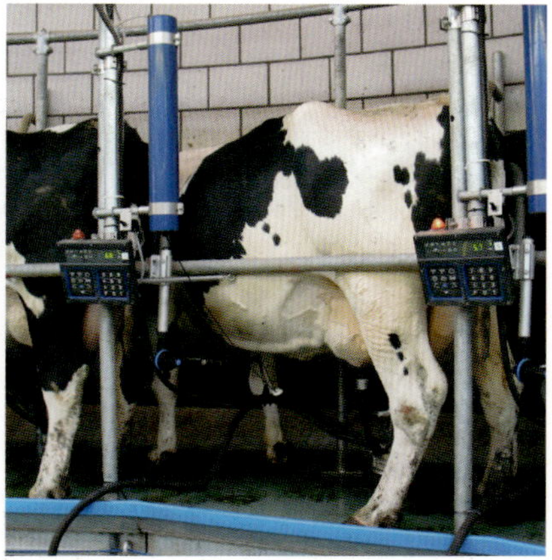

Pensscore: ruim 4.
De centrale koe heeft een diepe pens die zeer gevuld is.

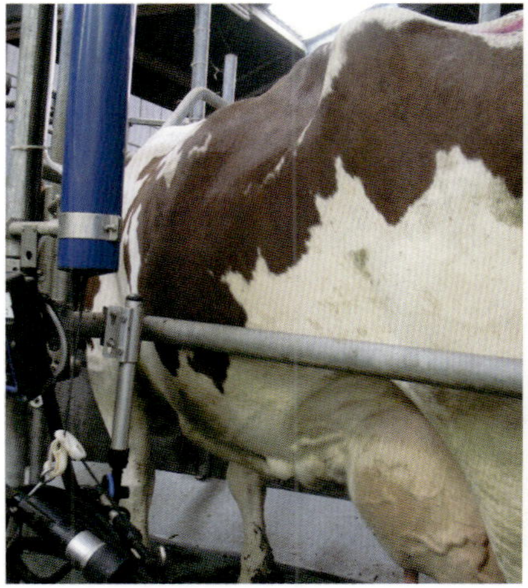

Pensscore: ruim 3.
Deze koe heeft een diepe pens, dus met veel inhoud. De bolling toont een dikke structuurlaag, maar de pens is minder gevuld dan die van de koe op de bovenste foto.

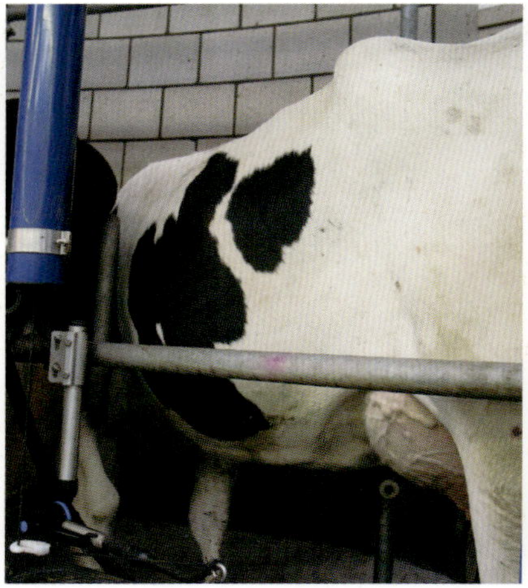

Pensscore: tussen 2 en 3.
Deze vaars heeft geen grote pensinhoud. Aan de uier te zien zit ze twee tot zes maanden na afkalven. Haar drogestofopname zou nu zeer hoog moeten zijn. De vulling is matig.

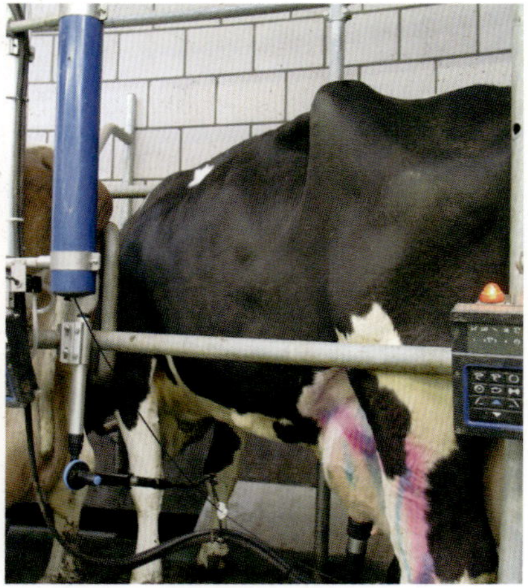

Pensscore: tussen 1 en 2.
Deze koe eet al enkele dagen slecht. Haar pens en buik zijn ingevallen en dus leeg.

HOOFDSTUK 6

De melkrobot

Automatisch melken betekent niet dat de koeien minder aandacht nodig hebben. Integendeel, het vraagt om veel meer koegericht management.

Op bedrijven met een melkrobot komen de koeien uit eigen beweging naar de melkstand om gemolken te worden. De dieren worden gelokt met smakelijk krachtvoer. Komen de koeien niet vanzelf, dan hapert het systeem. In de kern is er weinig verschil tussen een bedrijf met melkstal en een robot. Alleen worden tekortkomingen in de bedrijfsvoering harder afgestraft dan bij andere melksystemen.

Van groot belang bij de melkrobot is, als het gaat om koegericht management, dat de reactietijd zeer kort is. Een veehouder moet snel en goed reageren op koesignalen. Waar een kreupele koe met lichte dwang nog wel in een melkput gestuurd kan worden, zal ze de robot niet meer uit vrije wil bezoeken.

Succesfactoren voor robotmelken

Het succes van robotmelken hangt sterk samen met het gemak waarmee de koeien naar de robot lopen én met de kwaliteit van het management van de veeverzorgers. Zo vraagt goed robotbezoek een uitstekende klauwgezondheid, een passende stalinrichting en een actieve koe met vreetdrang. De kwaliteit van de bedrijfsvoering hangt af van het type boer, het risicomanagement en vroege herkenning van ziekte.

Veelheid aan informatie

De melkrobot verzamelt en produceert veel informatie, die u als verzorger kunt gebruiken in het dagelijks werk:

- Aantal bezoeken per dag, aantal weigeringen (te vroeg teruggekeerde koeien) en niet-geslaagde aansluitingen.
- Koeien die langer dan veertien uur niet gemolken zijn.

zegt iets over activiteit van de koeien

- Melkproductie per koe.
- Geleidbaarheid van de melk.
- Temperatuur van de melk.
- Kleur van de melk.
- Vlokjes in de melkfilter.
- Melktijden en melksnelheid.

aanwijzingen voor mastitis

Bedrijven met een melkrobot streven naar meer dan twee melkingen per dag. De voordelen hiervan zijn een hogere melkproductie en een mindere belasting van de uier. In de praktijk bedraagt het aantal melkingen per koe 2,5 tot 2,7. Voor hoogproductieve koeien is het belangrijk dat ze 3 à 4 keer gemolken worden, laagproductieve dieren mogen de robot minder vaak bezoeken. Als een koe te snel terugkomt, weigert de robot haar te melken.

Zoekplaatje *Wat zie je hier?*

De robot moet goed zichtbaar zijn voor de koeien, en dat is hij hier. In deze lichte stal valt op dat te veel koeien staan in de ligboxen en dat de rode koe op voorgrond weinig voer in de pens heeft. De breedte van de loopgang is iets meer dan één koelengte, waardoor de verkeersruimte beperkt is.

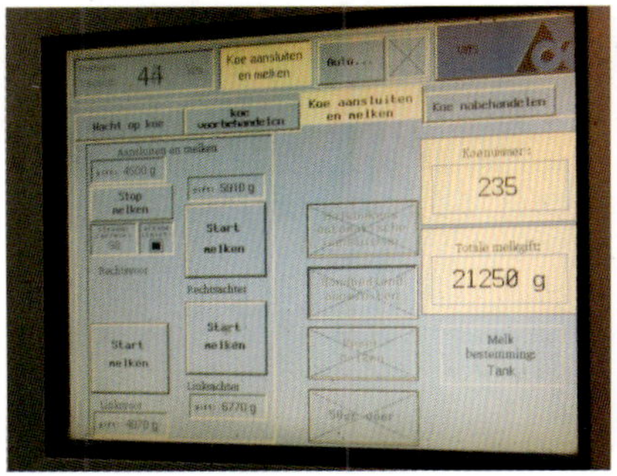

Het informatie- en bedieningsscherm van een melkrobot. Ook de productie per kwartier staat vermeld. Tussen de kwartieren linksvoor en linksachter zit meer dan 2,5 liter (kg) verschil.

Door het koppelen van de melkrobot aan een managementsysteem heeft de veehouder direct inzicht in de situatie.

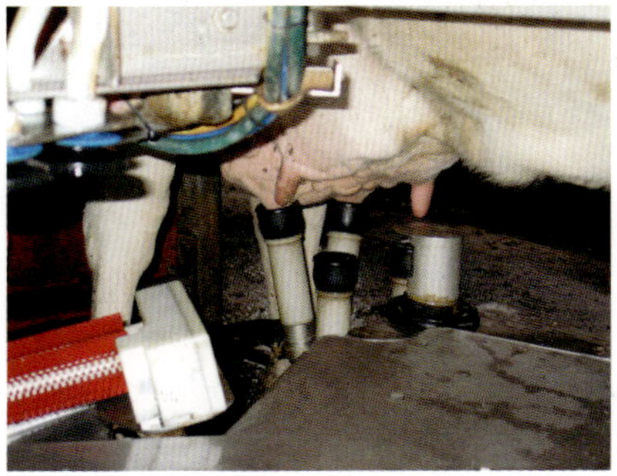

Een driespener, waarvan het kwartier linksvoor leeggemolken is en de tepelbeker afgenomen. De meeste robots nemen elk kwartier apart af als het leeggemolken is. Hierdoor vindt nauwelijks blindmelken plaats en blijft de belasting van de spenen laag.

De robot moet vanaf het liggedeelte toegankelijk zijn en er mogen geen obstakels zijn tussen koe en robot. Een wachtruimte is niet ideaal (vormt een obstakel), maar veelal onmisbaar. De koe moet contact houden met de koppel. Zonder ligboxen functioneert de wachtruimte het best. De veehouder jaagt ophaalkoeien de wachtruimte in, waarna de dieren vanzelf de robot bezoeken. Ruimte bij de ingang van de robot en de wachtruimte is essentieel. Elke koe moet comfortabel kunnen komen en gaan. Na het melken kan een koe via separatiehekjes naar de juiste groep lopen.

Koeverkeer

Kenners zijn het erover eens dat vrij koeverkeer de voorkeur heeft. Gedwongen koeverkeer is vaak het camoufleren van een fout. De koeien worden dan via eenrichtingspoortjes rondgestuurd langs eten, drinken, ligboxen en melkrobot, terwijl het robotbezoek eigenlijk vanzelf moet gaan.

Klauwgezondheid

Klauwgezondheid is van cruciaal belang op robotbedrijven, omdat de dieren vrijwillig naar de melkrobot moeten komen. Als ze last hebben bij het lopen, zal de bezoekfrequentie dalen.

Pak klauwgezondheid planmatig aan. **Groepsbekappen** – een tegenhanger van koppelbekappen – is hiervoor een effectieve methode. De aanpak bestaat uit het tweemaal per lactatie bekappen van de koeien mét daarbij een klauwscore: één maand voor de droogstand en vijftig tot tachtig dagen na afkalven.

De bekapbeurt aan het begin van de lactatie (risicomoment) helpt om stinkpootinfecties te bestrijden en geeft informatie over het optreden van klauwbevangenheid. Bij eerder bekappen zijn de zoolbloedingen die ontstaan door bevangenheid kort na afkalven nog niet te zien. De tweede bekapping maakt de klauwen klaar voor een succesvolle start van de nieuwe lactatie.

Bij ingang en uitgang van de melkrobot moet voldoende ruimte zijn en de koeien horen niet gehinderd te worden.

Een rubbervloer biedt een zachtere ondergrond en geeft meer zijdelingse steun aan de koeienpoten dan beton. Rubber is stroef en deukt licht in. De koe heeft meer zekerheid dat ze niet uitglijdt en veilig kan vluchten. Het dier maakt grotere passen en loopt meer. Een potstal heeft dezelfde voordelen.

Voetbadverkeer

De plaatsing van voetbaden verdient in robotstallen extra aandacht. Waar de uitgang van de melkput een gebruikelijk plaats is voor het voetbad, biedt bij de robot de uitgang meestal te weinig ruimte.
Er zijn diverse andere methoden om de klauwen te reinigen:

- Voetbaden in doorgangen waar de koeien uit zichzelf doorheen lopen.
- Een voetbad op een strategische plaats en de koeien er doorheen jagen.
- De voetendouche: een krachtvoerbox waarin de klauwen worden schoongespoten en vervolgens met een desinfecterend middel besproeid.

Controleer in alle gevallen of de behandeling effectief is en of de methode geen nadelige uitwerkingen heeft. Robotbezoek, drinken en voeropname mogen er niet onder lijden. En juist koeien met pijnlijke klauwen hebben de neiging om voetbaden te omzeilen.

Succesfactoren ter voorkoming van klauwaandoeningen

- **Lage infectiedruk:** roosters en klauwen schoon en droog houden, aangetaste klauwen vroeg en effectief behandelen, preventieve voetbaden, geen vee aankopen.
- **Goede voerstrategie** (met name klauwbevangenheid voorkomen): voldoende structuur in het rantsoen, zorgen voor een gelijktijdige opname van langzaam en snel in de pens afbreekbare voermiddelen.
- **Optimale weerstand**: voeding optimaliseren, overgang droogstand-lactatie en toevoeging van vaarzen aan de koppel goed managen.
- **Trauma vermijden:** rust in de stal, vlakke roosters en looppaden met voldoende grip, geen losse steentjes, zachte vloer, vakkundig bekappen.

Dit voetbad staat bij de in- en uitgang van de wachtruimte. Ook koeien die nog niet gemolken hoeven te worden, moeten er doorheen. In deze stal is sprake van gedwongen koeverkeer: de koeien moeten de robot passeren om van de ligboxen bij het voer te komen.

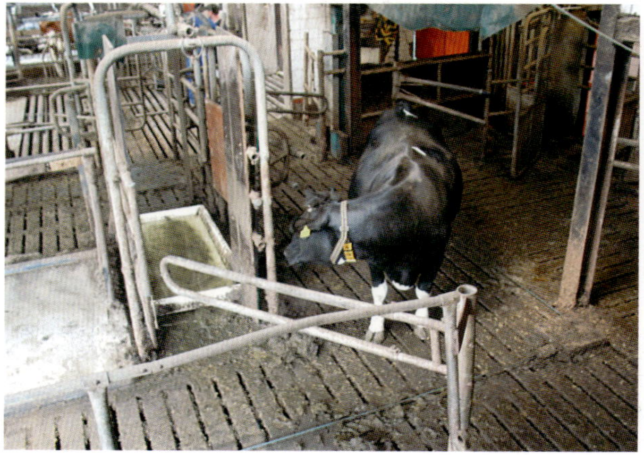

Hier drinkt de koe uit een drinkbak met (verwarmd) water. De koe is zojuist gemolken en heeft dorst. Ondertussen staat ze tot ruim boven haar kroonranden langdurig in het voetbad.

De ene koe is de andere niet, zo blijkt uit de breedte van de voorborst en de riblengte van deze twee dieren. Een brede voorbeenplaatsing geeft ruimte voor hart en longen én voor een grote ruwvoeropname (ruimte voor de pens).

Als een verlegen vaarsje opstaat uit de ligbox, komt ze eerst veel fris drinkwater tegen, vervolgens lekker en goed ruwvoer, dan krachtvoer, dan weer drinkwater, om zich uiteindelijk weer neer te vlijen in een ligbox. De robot bezoekt ze tussen het ruwvoer en het krachtvoer. Dit is de ideale looplijn.

Actieve koeien met vreetdrang

Een melkrobot vraagt om een actieve koe die zelf het initiatief neemt en naar de robot stapt. Hierbij is vreetlust haar drijfveer.

Maar hoe krijg je een actieve koe die graag eet? Bepaalde exterieurkenmerken kunnen bij de fokkerij voor een robotbedrijf zwaarder wegen, bijvoorbeeld de ruwvoeropnamecapaciteit, de kwaliteit van het beenwerk en de uiervorm. Ook de opfok van het eigen jongvee heeft hier grote invloed op. Zo hebben sommige robotboeren een voorkeur voor bepaalde fokstieren en noemen ze de dochters van deze dieren 'brutaler' of 'meer zelfredzaam' dan de dochters van andere stieren. Speenplaatsing is een belangrijk fokkerijargument.

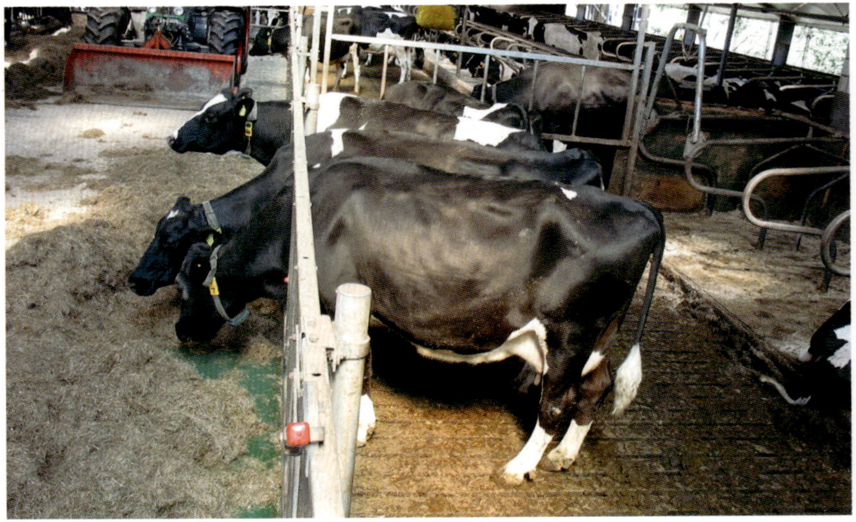

Een gretige melkkoe begint met een koe die gezond en hongerig uit de droogstand komt. Dit stelt hoge eisen aan het droogstandmanagement en de wijze waarop het dier in de weken rondom afkalven wordt begeleid (transitieperiode).

Zelfkennis

Op een melkrobotbedrijf moet je koesignalen vroeg oppikken en er zo snel mogelijk effectief op reageren.

Alvorens een melkrobot aan te schaffen moet u zich als veehouder dus realiseren dat er veel diercontrole en dierzorg moet worden geven. De ene persoon gaat dit gemakkelijker af dan de andere.

Boeren worden wel in bepaalde groepen ingedeeld (zie kader). Hoewel een techniekboer zich waarschijnlijk aangetrokken voelt tot een melkrobot, past een koeienboer het beste bij robotmelken.

Typen boeren

- **Koeienboeren** hebben vooral interesse voor de dieren. Problemen lossen zij op door extra zorg en diergerichte verbeteringen. Een koeienboer heeft gevoel voor het vee: hij weet of een dier zich lekker voelt of niet, schijnbaar zonder hierover te hoeven nadenken.
- **Techniekboeren** zijn geneigd oplossingen te organiseren via techniek: bouwsels, machines en standaardwerkwijzen. Ze hebben veel motivatie nodig om snel en effectief te reageren op koesignalen.
- **Kostenbespaarders** zien erg tegen uitgaven/investeringen op. Hun bedrijfsvoering is conservatief. Zij werken reactief en hebben moeite met preventief denken.
- **Bedrijfsboeren** zien de koe als productiemiddel en denken in koppels, kengetallen en planning. Een bedrijfsboer wil gestructureerd werken en heeft behoefte aan heldere criteria: die koe gaat goed, die koe is afgeschreven en die koe heeft extra zorg nodig.

(Vrij naar o.a. J.D. van der Ploeg)

Zoekplaatje *Beoordeel deze stal op koewelzijn.*

Bij alle vreetplaatsen ligt voer. Meer dan 80% van de koeien ligt in de ligboxen (op matras met zaagsel). Ventilator, dakisolatie, open nok en open zijkant zijn investeringen in een goed klimaat. Het looppad is twee koelengtes breed en er lopen geen koeien die er niet moeten zijn. Dus veel verkeersruimte en een goede bereikbaarheid van het voerhek. Ook de melkrobot lijkt goed toegankelijk. Er hangt een borstel en op de vloer ligt een rubbermat.

Gezondheid: hoe zie je dat?

De gezondheid van een koe is bij robotmelken nog belangrijker dan op bedrijven met andere melkinrichtingen. Een koe laat zich nog wel naar de melkput jagen als zij niet honderd procent fit is, maar een niet-fitte koe zal een hogere drempel hebben om de robot te bezoeken, want ziekte maakt sloom en inactief.

Ook bij het beoordelen van de gezondheid van een dier kijk je van groot naar klein. Onbevangen kijken zonder oordelen en excuses is gewenst. Iemand anders laten meekijken kan helpen om meer te zien en betere conclusies te trekken.

Signalen van goede gezondheid

- De koe is alert en actief: ze doet dingen die ze wil doen en heeft aandacht voor haar omgeving. Rondkijkende ogen, rondzoekende oren en een nieuwsgierige reactie op geluid en andere prikkels. Indicaties zijn te vinden in de frequentie van bezoeken aan robot en krachtvoerbox.
- Ze heeft een glimmende, aanliggende, schone vacht, zonder beschadigingen. Koeien die zich niet lekker voelen, verliezen al snel de glans op de vacht of zetten de haren wat overeind.
- De koe eet en drinkt goed. Voeropname is te zien aan de pensvulling en de buikvulling. Langdurig te weinig voeropname leidt tot sterke vermagering. Als een dier te weinig vocht opneemt of te veel verliest, zakken haar ogen weg en ligt de huid minder los op de ondergrond (zie pensscore, mestscore en conditiescore).
- Lopen en staan gaat zonder tekenen van pijn en ongemak. Koeien krommen de rug bij kreupelheid en bij pijn. Bij irritatie in het bekkengebied houden ze de staart omhoog. Moeite met lopen wordt het eerst zichtbaar aan intentiebewegingen, gevolgd door duidelijke kopbeweging bij het starten met lopen (zie bewegingsscore).
- De koe wordt goed verzorgd en heeft een goede huisvesting. Koesignalen van onvoldoende zorg zijn gezondheidsproblemen die al lang aangepakt hadden moeten worden, zoals lange klauwen, schurft en luizen. Gebrek aan zorg toont zich ook in zaken als niet-geschoren uiers en ruggen, en aanklevende mest (hiervoor kun je een hygiëne- of verzorgingsscore uitvoeren).
- De scores kunnen veel inzicht geven in de algehele gezondheid van de koppel.

Ziekte en ongemak: hoe zie je dat?

Vraag een boer: 'Hoe zie jij of een rund ziek is?' en hij antwoordt wellicht: 'Bij een kalf zie ik dat aan de oren, bij een koe aan de ogen.' Inderdaad valt bij ziekte heel snel de wegvallende spierspanning van de oren op, samen met de verminderde alertheid van de ogen. Andere signalen zijn sloomheid, te weinig eten, afzondering, een dor haarkleed, een slap uier, afwijkende mest en een tegenvallende melkgift. Vaak vallen de dieren de veehouder op, doordat ze net iets anders zijn dan de andere runderen in hun koppel.
De verschijnselen vallen het meest op als je het dier en zijn gedrag goed kent. De vroegste signalen zijn subtiel. Het vraagt vakmanschap en moeite om ze te herkennen. Zoek dieren in risicogroepen of tijdens risicomomenten daarom doelbewust op bij controles.

Temperatuur

Koorts is een vroeg en duidelijk ziektesignaal en onderdeel van ontstekings- en afweerprocessen. Een zieke koe die geen koorts heeft, kan een stofwisselingsaandoening hebben, maar ze kan ook in shock zijn. Dan schiet de bloedsomloop tekort. De patiënt voelt in zo'n geval juist zeer koud aan, met name aan oren, ondervoeten en uier.
Een rund temperatuur je in de anus. Let op: bij heftige diarree kan lucht in de einddarm zitten, zodat de thermometer een verkeerde waarde aangeeft.

Normen voor rundvee

Leeftijd	Temperatuur	Ademhaling	Hartslag (pols)
Pasgeboren kalf	38,5-40,5°C		100-130 / minuut
Kalf tot één jaar	38,5-39,5°C	30-50 / minuut	80-110 / minuut
Koe	38,0-39,0°C	10-30 / minuut	50-80 / minuut

Pijn

Runderen met pijn ontlasten het zere lichaamsdeel, ademen oppervlakkig en snel en hebben een verminderde aandacht voor hun omgeving. Als gevolg van de pijn eten en drinken ze minder. De ogen zakken weg, de huid ligt droog op het onderliggend weefsel. Vaak zonderen dieren met pijn zich af. In de stal in een ligbox, in de wei door bijvoorbeeld langs de afrastering te gaan liggen. Kreupele koeien worden schrikachtiger, doordat zij niet goed kunnen wegvluchten. Dit is duidelijk te zien in stallen met gladde vloeren.

Deze koe is ernstig ziek, terwijl het er juist om gaat zo vroeg mogelijk te zien dat een koe ziek wórdt. Haar sloomheid en haar weggezonken ogen vallen op.

Koeien met een negatieve energiebalans hebben grote hoeveelheden aceton in hun bloed, hun melk, hun urine en hun uitademingslucht. Sommige mensen ruiken deze geur al op meters afstand van de koe.

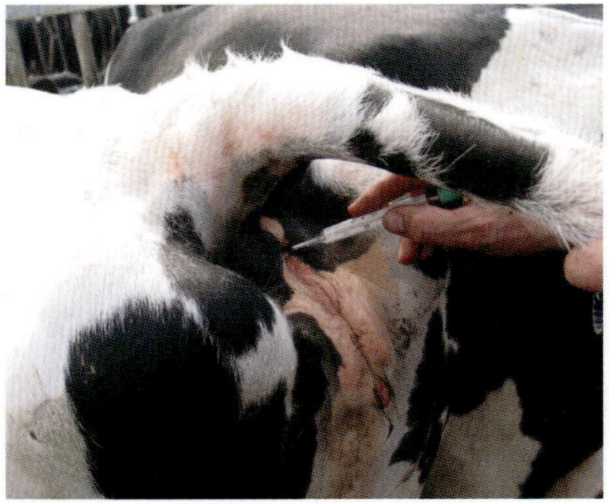

Het temperaturen van een koe is zeer eenvoudig. Zonder dat er een dierenarts aan te pas komt heeft u snel inzicht in de gezondheidstoestand.

HOOFDSTUK 7

Jongvee en droge koeien

Goed management van risicomomenten is een succesfactor voor gezond jongvee en droge koeien.

Hoe zie je van tevoren dat een koe ziek wordt? Dit doel bereik je door naar de juiste dingen te kijken, bij de juiste dieren, op de juiste momenten. Maak minstens twee keer per dag een controleronde om in rust alle dieren te bekijken. Met gerichte aandacht voor risicogroepen en risicomomenten.

In risicogroepen en op risicomomenten ontstaan de meeste problemen. Dáár moet je dus extra alert zijn. Droge koeien en jongvee zijn voorbeelden van risicogroepen. Dit komt doordat ze veel risicomomenten doormaken én doordat deze dieren op te veel bedrijven te weinig zorg krijgen. En dat is vreemd, want de toekomstige productie hangt van deze dieren af.

Universeel of bedrijfsspecifiek

Bepaalde risicomomenten gelden voor alle jongvee, andere zijn specifiek voor het bedrijf. Universele risicomomenten zet je snel op een rij: geboorte, eerste levensdagen, ziektenuitbraken bij kalveren, verhokken, spenen, rantsoenverandering, mengen van koppels, sommige weertypen en weersomslagen, andere verzorger, transport, en zo zijn er nog wel enkele te noemen.

Bedrijfsspecifieke risicomomenten komen aan het licht tijdens een rondgang langs de dieren, met een gelijktijdige bespreking van de manier van werken. Risico's zijn te vermijden door een goed risicomanagement en het veiligstellen van de succesfactoren van een bedrijf.

Groei en ontwikkeling

Bij het meten van de groeicurve van jonge dieren komt nuttige informatie boven tafel. Tegenvallende groei wijst op een risicoperiode. Spreiding binnen leeftijdsgroepen duidt op grote verschillen in voeropname of zijn restverschijnselen van ziekte. Vallen de gewichten tegen? Dan hebben de betreffende dieren ooit een periode van slechte groei doorgemaakt.
Combineer het meten van de groei met een conditiescore. Een te vet dier met een goede borstomvang kan immers nog steeds te klein zijn om te insemineren.

Voor de meeste rassen en bedrijven geldt:

- 45 procent van het volwassen gewicht: de puberteit vangt aan.
- 55 procent van het volwassen gewicht: het beste moment om drachtig te worden.
- 85 procent van het volwassen gewicht: het gewenste gewicht om af te kalven.

Opfokschema HF-jongvee afkalven op 24 maanden

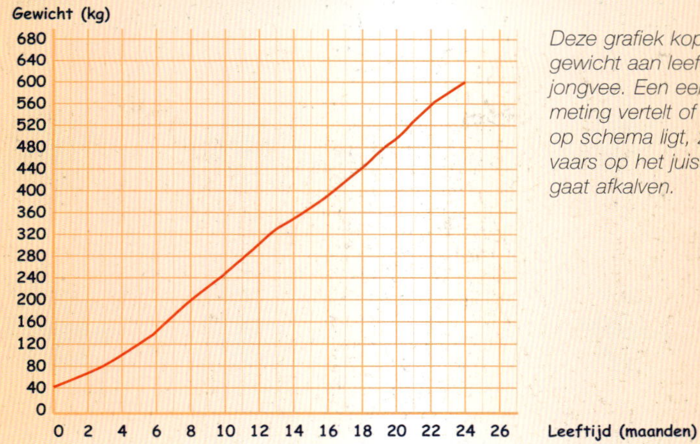

Deze grafiek koppelt gewicht aan leeftijd van het jongvee. Een eenmalige meting vertelt of de groei op schema ligt, zodat elke vaars op het juiste gewicht gaat afkalven.

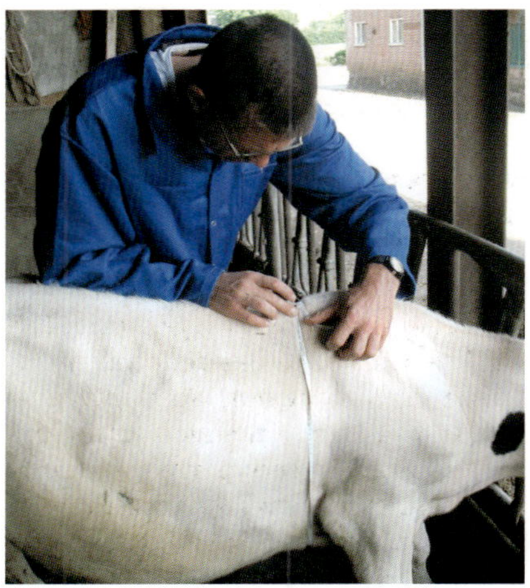

Meting van de borstomvang geeft een redelijke schatting van het lichaamsgewicht. Als je dit herhaaldelijk doet (minstens twee keer per jaar) krijg je een goed beeld van de groei van de kalveren en de periodes waarin de groei tegenvalt.

In hun eerste levensjaar zijn runderen vatbaar voor infectie met para-tbc. Kalveren mogen dus geen mest opnemen van ouder vee, want dit is samen met melk de besmettingsbon. Voer in een voerbak kan moeilijk in contact komen met mest, voer op de grond gemakkelijk.

Eerste levensdagen

De eerste dagen in een eenlingbox zijn een intensief moment voor het pasgeboren kalf. Zorg voor voldoende biest: minstens vijf liter op de eerste dag, waarvan de helft binnen twaalf uur. Dit en een schone, comfortabele opvang bepalen voor een groot deel het succes van de eerste levensmaand. De volgende koesignalen zijn goede meetpunten voor de kwaliteit van de verzorging van nuchtere kalveren:

- het aantal diarreegevallen;
- sterfte (noteer de levensdag);
- het aantal ontstoken navels;
- groei en voeropname.

Ander vee is een besmettingsbron voor het jonge kalf. Met iglo's zijn contacten tussen kalveren eenvoudig te voorkomen. Iglo en bodem moeten goed schoon zijn. Werk met schone materialen en werk van jong naar oud.

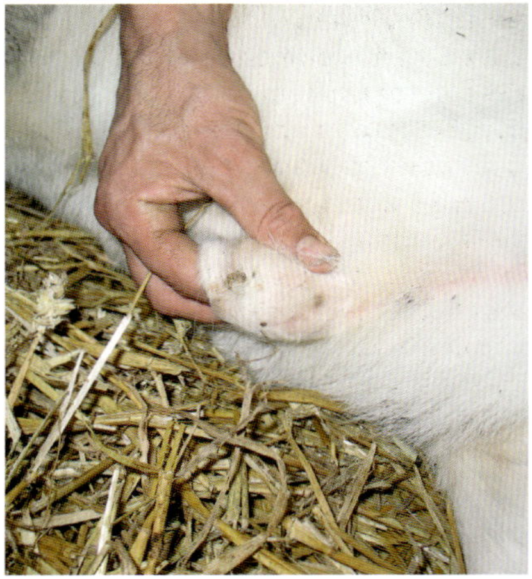

Controleer de navels bijvoorbeeld elke maandag en donderdag. De streng in de navelplooi moet soepel, dun en niet pijnlijk zijn. Het kalf toont pijn door met de poten te stampen en door ontwijkreacties.

Veehandelaren controleren als automatisme de navel van een kalf. Ze doen dit niet voor niets. Een ontstoken navel tast de weerstand aan en kan voor veel ellende zorgen.

Deze kalveren liggen in een schoon, fris hok, met een dik pak schoon stro. Ze krijgen onbeperkt lekker hooi, krachtvoer en water. Wel kan een ziekte zich hier snel verspreiden door de nauwe contacten.

Veranderingen

Tijdens risicomomenten moet u negatieve gevolgen voor de dieren vermijden. Dit kunt u onder meer realiseren door alle veranderingen zo geleidelijk mogelijk door te voeren. En combineer geen veranderingen, zoals verhokken en spenen, maar spreid ze juist.

Veranderingen doen zich in allerlei vormen voor: op sociaal vlak, in voeding, verzorging, huisvesting en in klimaat. Het eerste waar een kalf mee te maken krijgt, is meestal de overgang van eenlingbox naar groepshok. Na een tweede keer verhokken komt een grote ommekeer in haar leven: ze krijgt geen melk meer. Vanaf dat moment bestaat haar leven uit regelmatig verhokken en rantsoenveranderingen, waarbij elke verandering een risico in zich draagt.

Tijdstippen van belangrijkste diarreevormen

- *E. coli:* de eerste dagen.
- Cryptosporidiose: vanaf 5 dagen.
- Rota- of coronavirussen: 10 tot 14 dagen.
- Kleischijten/pensdrinken: 2 weken tot spenen.
- Coccidiose: vanaf 2 maanden.

De slokdarmsleuf zorgt dat de melk direct naar de lebmaag gaat en niet in de pens komt. Voor een goede werking moet de melk van goede, constante kwaliteit zijn en moeten kalfjes volgens een vast ritueel te drinken krijgen. Onregelmatigheden vergroten de kans op diarree en pensdrinken.

De mest van een kleischijter/pensdrinker door rotting van de melk in de pens. Patiënten zijn mager en hebben een bolle hangbuik en dor haar.

Een oplossing voor een geleidelijke overgang van strohok naar roostervloer. Pas als een kalf zo'n zes maanden oud is, zijn de klauwen in staat om op betonnen roosters te lopen en is de warmtehuishouding goed genoeg om in (koude) ligboxen te liggen. Er zijn speciale kalverroosters.

Glimmende kalveren met een bespierde rug en een goede buikvulling. De muur en de kalveren zijn schoon. Allemaal signalen van gezondheid en een goede groei.

Zoekplaatje *Wat zie je, hoe komt dit en wat zou je doen?*

De kleinste kalveren zijn mager en hebben weinig buikvulling. Zij worden van het voer verjaagd door de grote kalveren. Oplossing: voorkom overbezetting, zorg voor voldoende vreetruimte en voor onbeperkt goed voer. Of scheid grote en kleine dieren.

Jonge dieren leren snel en gaan gemakkelijk op onderzoek uit. Als hun groep bijvoorbeeld een aantal keren van samenstelling wisselt, leren ze zich snel in een nieuwe groep in te passen.

Relatief onderzoeksgedrag van diverse leeftijdsgroepen runderen.

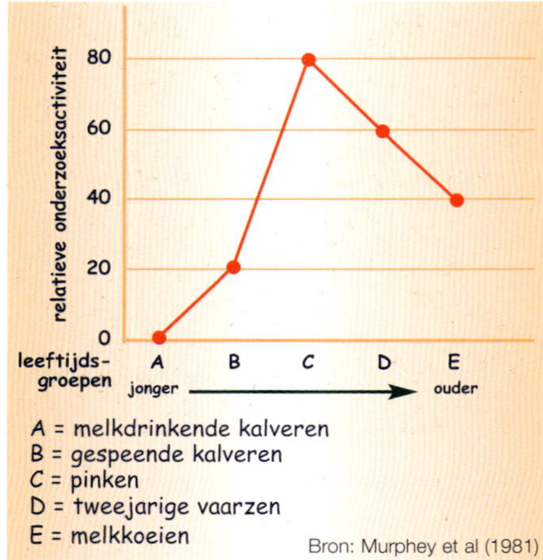

Uit deze figuur blijkt dat pinken het meest leergierig zijn. Zij vertonen van alle leeftijdsgroepen het meeste onderzoeksactiviteit.

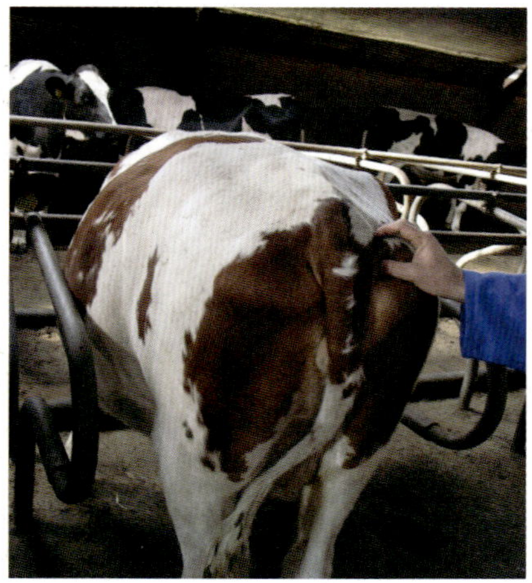

Lerende koeien

Net als andere dieren leren runderen via negatieve beloning (straf) en positieve beloning. Lekker voer, zoals krachtvoer, is de beste beloning. Ze zullen de krachtvoerbox daarom al snel kennen.

Er zijn twee soorten negatieve prikkels. Allereerst pijn. Een koe brengt pijn in verband met de situatie waarin ze op dat moment verkeert. Een pijnlijke injectie maakt haar bang voor degene die haar inspuit en voor de plaats waar ze is ingespoten. Pijn door uitglijden bij een drinkbak zorgt voor een drempel om weer naar die drinkbak toe te gaan.

De andere negatieve beloning loopt via de darmen. Deze heeft een langere terugkoppelingstijd en blijft lang in het geheugen aanwezig. Via dit mechanisme leert de koe giftige planten en ziekmakend voer te herkennen en te vermijden. Koeien hebben dus een olifantengeheugen voor negatieve ervaringen met bijvoorbeeld slecht kuilvoer.

Een conditiescore is essentieel om de voeding af te stemmen op de dieren. Na de puberteit neemt het risico op vervetting sterk toe. Deze vaars heeft een conditiescore van 4 (ideaal is 3,5). Haar pens is goed gevuld: score 4.

Jongvee-opfok

Jongvee-opfok dient om een vaars te produceren die in alle opzichten klaar is voor een langdurig productief leven als melkkoe. Ze moet hiertoe voldoende ontwikkeld zijn. Als ze nog veel moet groeien in haar eerste en tweede lactatie, staat ze laag in de rangorde en geeft ze minder melk. De schofthoogte van een HF-vaars mag in deze periode niet meer dan drie centimeter toenemen.

Bovendien moet de vaars een goede conditie hebben en sterke klauwen. Aan het begin van de lactatie staat haar klauwgezondheid zwaar onder druk. Het lijkt gunstig om de vaars al enkele maanden voor afkalven in contact te brengen met de mest van volwassen koeien, om afweer op te bouwen. Dit zorgt ook voor betere biest, met meer specifieke antistoffen.

Introduceer de vaars zes tot acht weken voor het afkalven in de koppel. Dit is het moment voor contact met het melkvee. Breng bij voorkeur enkele vaarzen tegelijkertijd bij een koppel droge koeien met ongeveer dezelfde kalfdatum.

Op veel bedrijven hebben pinken en vaarzen al stinkpootinfecties. Goede controle, inclusief een poot- en klauwscore, geeft informatie over de ernst van de aandoeningen. Eerste maatregel: voetbaden. Op deze foto zijn de roosters bij de vaarzen opgeruwd voor meer houvast.

Jongvee moet je verplaatsen voordat de ligboxen of het voerhek te klein worden. Deze boxen zijn wel mooi schoon en ingestrooid, maar te klein.

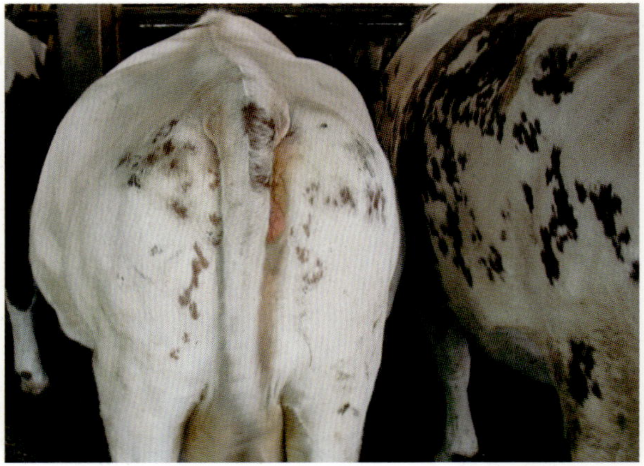

Om een pens met een grote inhoud te ontwikkelen moet het kalf zijn leven lang veel ruwvoer opnemen. Smakelijkheid en beschikbaarheid van voer zijn dus van belang. Mest en pens- en buikvulling geven hierover dagelijks informatie.

Droogstand

De droogstand is als een vakantie. In de eerste dagen is er stress vanwege de verandering en de ontwenning van het werk (melkgeven). Vervolgens komt er een periode van rust en genieten. En aan het eind moet de koe weer helemaal klaar zijn voor een jaar gezond hard werken. Maar er zijn twee grote verschillen. De koe maakt een ingrijpende gebeurtenis mee: de geboorte van haar kalf. En vervolgens moet haar stofwisseling op de dag van afkalven direct op volle kracht werken.
Hiermee vormt de periode rondom afkalven het grootste risicomoment in het leven van een koe. Alleen met een goede voorbereiding en met uitstekende zorg zal het dier deze transitieperiode probleemloos doorstaan. Investeren in een optimale droogstand betaalt zich terug door minder problemen en een hogere productie in de erop volgende lactatie.

Een droogstandsrantsoen moet uitgebalanceerd zijn (raadpleeg de voedernormentabellen). Vervolgens is opname van belang, dus smakelijkheid en beschikbaarheid van het voer. Bezettingsgraad, luchtverversing, warmte en beschikbaarheid van schoon drinkwater beïnvloeden de voeropname en mate van stress.

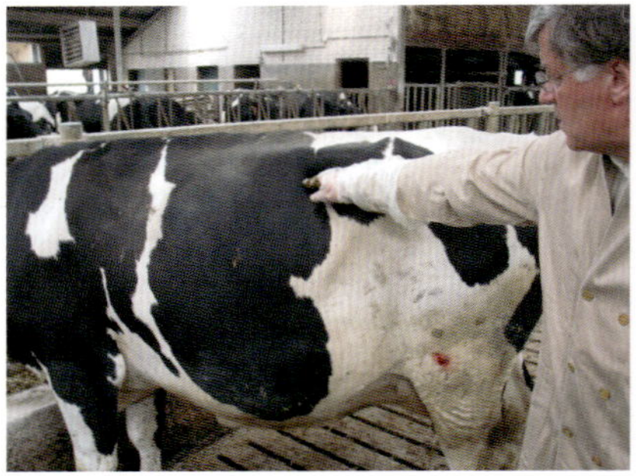

Droge koeien mogen niet of nauwelijks in conditie toenemen, maximaal 0,25 punt. Maar ze moeten wel zo veel mogelijk vreten om hun voeropnamecapaciteit op peil te houden. In conditie dalen mag zeker niet. Dit vereist dagelijks beoordeling van pensvulling, restvoer en mest. En een wekelijkse conditiescore.

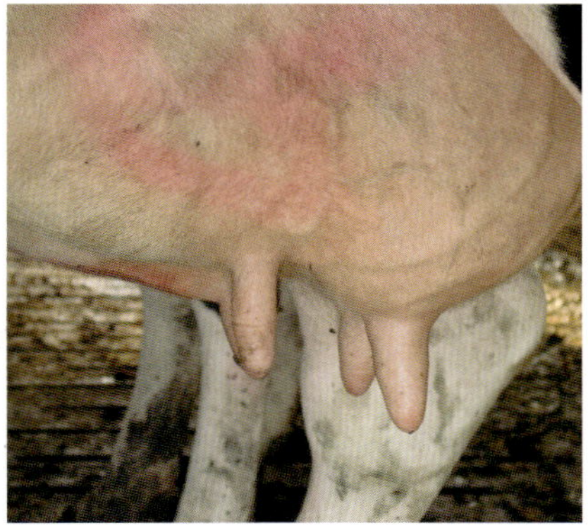

Droogzetten is stressvol, dus doe bij elke koe een intensieve controle. Overleg met deskundigen over de juiste ingrepen. Bijvoorbeeld: wat te doen als de koe veel melk uitligt? Op de foto is het kwartier linksachter erg vol. Ontwikkelt zich een uierontsteking?

Deze droge koeien zijn schoon en liggen ook mooi droog en schoon. Hun lig- en loopruimte is echter beperkt. Lichaamsbeweging werkt positief op de vitaliteit.

Haar droogstand van gemiddeld acht weken doorloopt de koe in twee groepen: de droogstandgroep *(far off)* en de overgangsgroep *(close up)*. De droogstandgroep is de periode vanaf droogzetten tot drie weken voor afkalven. Dan gaat zij naar de overgangsgroep.

Droogstandgroep

Bij droogzetten geeft een koe niet meer dan vijftien liter. Dit kun je beïnvloeden via de voeding. Zet het dier bij voorkeur in één keer droog en zorg voor een zeer hygiënische toediening van een antibioticumhoudende injector in elk (leeggemolken) kwartier. Breng de koe vervolgens uit de melkkoppel, in de rustgroep. Hier krijgt ze een sober rantsoen, maar water moet altijd in overmaat aanwezig zijn.

Schone droge koeien zijn het teken van een goede hygiene. Bij het scoren van de hygiëne kijk je naar de omgeving van de staart, uier en buik, en naar dijen en benen.

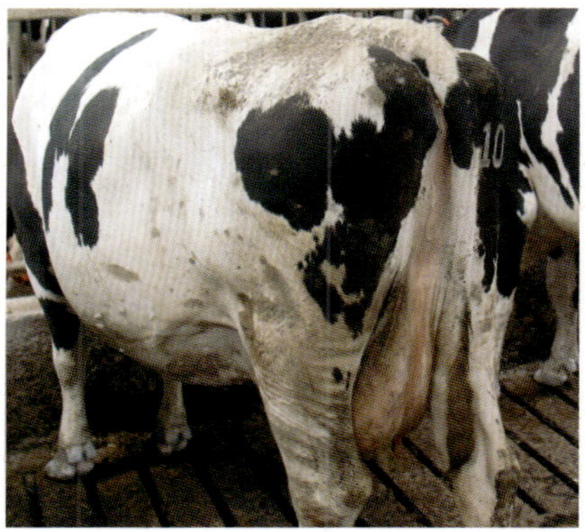

De transitieperiode

De transitieperiode duurt van drie weken voor afkalven tot drie weken daarna.

Begin van de transitieperiode	Controle
Een conditiescore rond 3,5	Conditie scoren
Een maximale drogestofopname	Pensvulling, voer wegen
Een goede mineralenbalans	Bloed- en urine-onderzoek
Krachtige klauwen en poten	Poot-, klauw- en bewegingsscore
Een goede gezondheid	Koe is alert, vlot en gretig
Tijdens de transitieperiode	**Controle**
Optimaal rantsoen	Rantsoenberekening, mest, ziektes, melkproductie
Voortdurend smakelijk voer en water beschikbaar	Voeropnamegedrag, pensvulling, drinkbakcontrole
Uitstekende hygiëne	Reinheid van koeien, omgeving
Comfortabele ligboxen, ruime en frisse huisvesting	Liggedrag, ruimte, klimaatmeting
Minimale stress	Beoordeling van veranderingen, voeropname en gedrag
Goede zorg en beheersing over de omstandigheden	Bespreking van verzorging en risicomanagement

Voeropname rondom afkalven

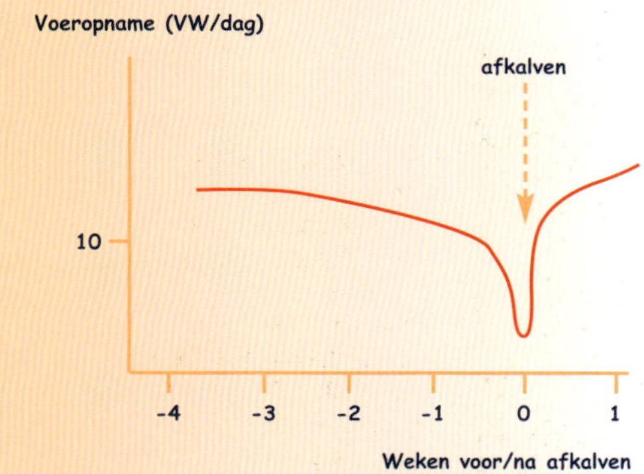

De drogestofopname van de droge koe daalt geleidelijk tijdens de droogstand, voornamelijk doordat de baarmoeder steeds meer ruimte inneemt. Op de dag van het afkalven eet de koe niet veel. De oorzaak hiervan zijn het afkalfproces en alle bijkomende stress. Deze stress ontstaat uit sociale conflicten, huisvestingsfouten en voerverandering. Ernstige stress kan leiden tot meerdere dagen van onvoldoende vreten.
De hoeveelheid drogestof die de koe vreet op de dag van afkalven is een goed meetpunt voor de kwaliteit van het droogstandmanagement. Hoe meer de koe dan eet, hoe krachtiger zij aan haar lactatie begint.

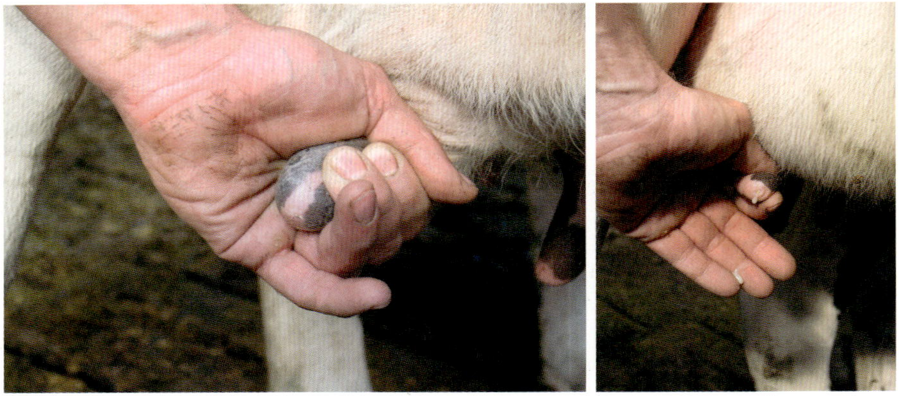

Gedurende de droogstand sluiten keratinepluggen de slotgaten van de spenen af. Deze pluggen vormen zich echter in de loop van enkele weken. Bij ongeveer tien procent van de koeien sluiten ze nooit volledig af. Dit betekent dat er continu risico is van uierinfecties bij droge koeien, met risicopieken kort na droogzetten en kort vóór afkalven.

De scheiding tussen de twee groepen droge koeien is hier goed te zien. Links de staat droogstandsgroep en rechts de overgangsgroep (de koe rechts is zichtbaar aan het opuieren).

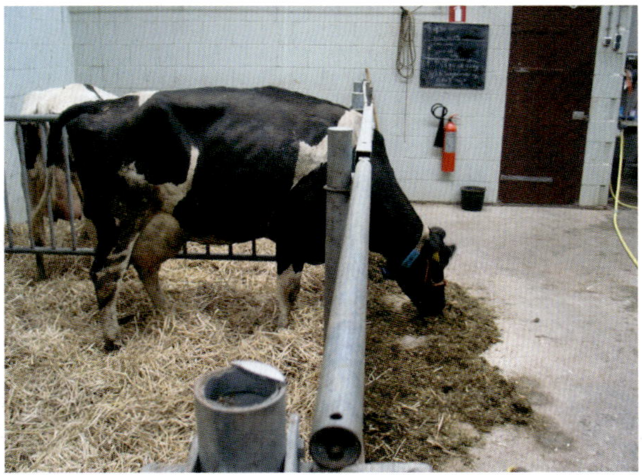

Een gezonde lactatie begint met een koe die gezond uit de droogstand komt. Deze koe staat vlak na afkalven gretig te vreten. Dát is een bijzonder goed signaal. Een koe moet blijven eten rondom afkalven.

Overgangsgroep

Het duurt vier tot zes weken alvorens de pens zich volledig heeft aangepast aan een nieuw rantsoen. Dit is één reden om de koe vanaf drie weken voor afkalven al het rantsoen van de melkgevende koeien te verstrekken. Een andere reden is dat je hiermee een voerovergang rondom afkalven voorkomt.

Elke vorm van onrust, ongemak en stress is ongewenst tijdens de transitieperiode. Wat je kunt voorkomen, moet je voorkomen. Radicale veranderingen van huisvesting en voeding zijn niet wenselijk. Hetzelfde geldt voor sociale afzondering: de koe moet oogcontact houden met de koppel.

Introductie van nieuwe koeien in de opuiergroep leidt tot rangordeconflicten. Na één of twee dagen is de nieuwe rangorde ingesteld en de rust weergekeerd. Vermijd groepsverandering op dagen dat een koe moet afkalven, tenzij deze koe afgezonderd staat en geen last heeft van de strijd.

Rondom afkalven

Het succes van het meest risicovolle moment in het jaar van een koe is afhankelijk van goed management door de veehouder. En wat is goed management?
De praktische invulling verschilt per bedrijf, maar de basis geldt voor alles en iedereen:

- Werk volgens standaardwerkwijzen: Bedrijfsspecifieke Manier van Werken.
- Stel doelen en controleer of je ze haalt.
- Verbeter de standaardwerkwijze als dit nodig blijkt.
- Controleer elk dier intensief.
- Grijp snel en effectief in.

Voorbeelddoelstellingen voor succesvol afkalfmanagement

- 95% van de koeien kalft af in de afkalfhoek.
- < 5% blijft langer dan acht uur aan de nageboorte staan.
- < 10% gaat witvuilen.
- < 5% kalfziekte (hypocalcemie).
- < 5% kalversterfte binnen 24 uur.
- < 5% lebmaagdraaiing.

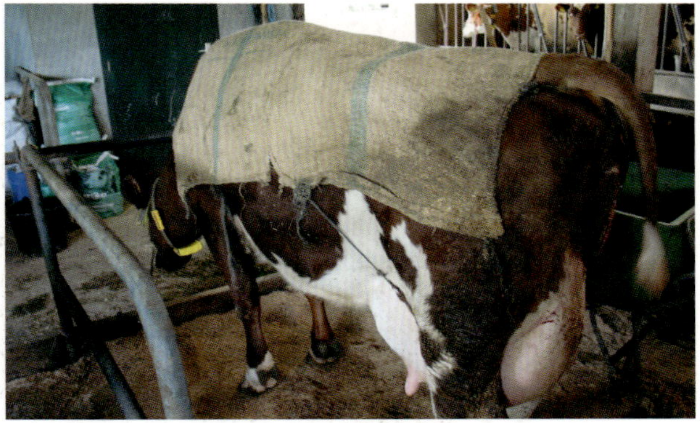

Pas-afgekalfde koeien zijn zeer kwetsbaar. Je moet ze daarom minstens drie keer per dag goed controleren. Maatregelen hiertoe verschillen per bedrijf, variërend van een potstal voor droge koeien, of opname van lichaamstemperatuur op vaste momenten, tot het duidelijk merken van verse koeien.

Koeien zonderen zich af om te kalven. In de koppel gaat dit vaak moeilijk, wat kan leiden tot onrust en stress. Afkalven in de koppel betekent bovendien minder hygiëne, slechtere controlemogelijkheden en minder beheersing over de omstandigheden. Kun je ingrijpen als het niet goed gaat? En wanneer grijp je in?

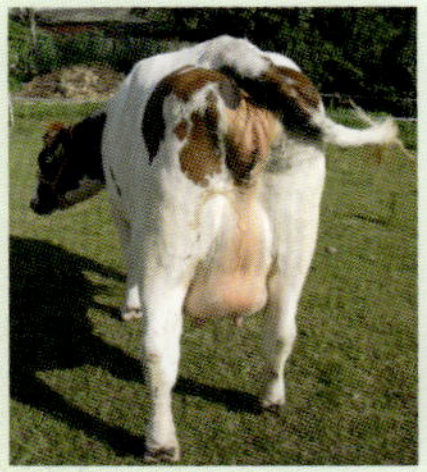

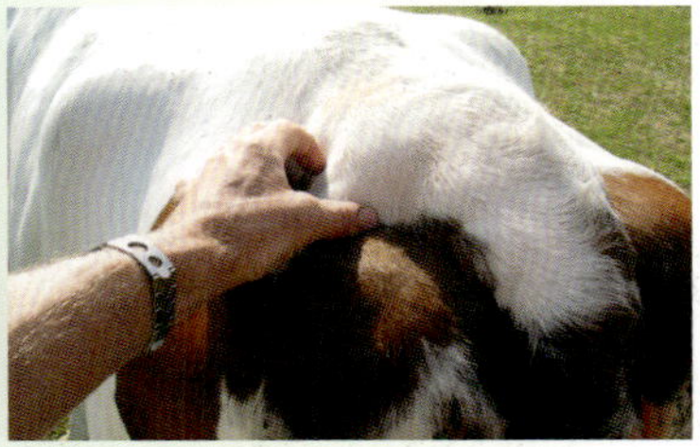

Afkalfsignalen

Het afkalven kondigt zich aan met het volschieten van de uier, het opuieren. Vaak komt er ook zucht (= oedeem) in de uier. De kling groeit en verweekt. Als de bekkenbanden volledig verweekt zijn, kalft de koe meestal binnen 24 uur. Deze bindweefselstrengen lopen van de ruggengraat naar het zitbeen (zie foto). Een daling van de lichaamstemperatuur van 0,5 tot 1 graad Celsius betekent ook dat de koe binnen 24 uur kalft.

Nuttige informatie

Met behulp van deze lijst met adressen kunt u uw koegericht management meer inhoud geven.

Vetvice

Veterinair organisatie- en adviesbureau Vetvice® ontwikkelt en verzorgt cursussen en trainingen voor dierhouders, dierenartsen en anderen. De trainingen kenmerken zich door hun actieve en praktische karakter. Naast workshops, zaalpresentaties en maatwerkcursussen Koesignalen®, verzorgen de trainers van Vetvice andere waardevolle adviesdiensten voor diergericht management. Bijvoorbeeld Varkenssignalen® dat is ontwikkeld in samenwerking met Scheepens Consultany in Best. Kijk voor de meest actuele informatie op de website.

Telefoon: (0499) 33 06 20
E-mail: info@vetvice.nl
Internet: www.vetvice.nl

Gezondheidsdienst voor Dieren

De Gezondheidsdienst voor Dieren (GD) ontwikkelt diergezondheidsprogramma's en voert deze uit. Het monitoren en onderzoeken van diergezondheid zijn kerntaken. De GD levert hiervoor vele diensten en producten. Voor rundveezaken kunt u terecht bij GD Veekijker:

Telefoon: 0900-17 75
E-mail: veekijker@gdvdieren.nl
Internet: www.gdvdieren.nl

Praktijkonderzoek ASG

Praktijkonderzoek van de Animal Sciences Group van Wageningen UR richt zich op innovaties in de veehouderij. U kunt bij het Praktijkonderzoek ASG terecht voor excursies, informatie en advies over lopende onderzoeken.

Telefoon: (0320) 29 32 11
E-mail: info.po.asg@wur.nl
Internet: www.pv.wur.nl

Cursussen

Koesignalen

Vetvice organiseert de cursus Koesignalen®. Deze duurt één dagdeel en behandelt de volgende drie thema's, in willekeurige volgorde:

- voeding
- huisvesting/klimaat
- ziekte/kreupelheden

Naast deze cursus verzorgt Vetvice avondvullende zaalpresentaties over Koesignalen voor rundveehouders en overige geïnteresseerden in de rundveehouderij.

Voor adresgegevens zie Vetvice elders op deze pagina.

Koesignalen door dierenartspraktijken

Diverse dierenartsenpraktijken hebben geïnvesteerd in het gebruik van het koesignalenconcept voor een betere advisering van veehouders. Velen van hen verzorgen onder licentie Workshops Koesignalen voor de eigen klanten.

Voor een adressenlijst kunt u bellen met Vetvice of kijken op www.vetvice.nl.

Koeloeren

Praktijkonderzoek ASG organiseert de cursus 'Koeloeren'. Hierin komen alle zaken aan de orde die ook in dit boek staan vermeld. De cursus vindt plaats op een melkveebedrijf of een praktijkcentrum.

Voor meer informatie kunt u terecht bij het Praktijkonderzoek ASG.

Telefoon: (0320) 29 34 80
Internet: www.pv.wur.nl (onder activiteiten).

AOC

In heel Nederland zijn AOC's gevestigd waar diverse praktische cursussen voor agrariërs woden gegeven. Adressen zijn te vinden op internet: **www.aoc-onderwijs.nl**

PTC$^+$

PTC$^+$ (voorheen IPC) is gespecialiseerd in praktijktrainingen. De vestigingen in Horst en Oenkerk hebben rundveehouderij als specialisme en organiseren cursussen over koemanagement en klauwgezondheid.

Telefoon: (0318) 64 57 00
Internet: www.ptcplus.com

Zelfstandige adviseurs

InterAct Consultancy

Joost de Veer
Veterinair adviseur koemanagement

Telefoon: (0547) 36 20 85
E-mail: j.de.veer@inter.nl.net

Future Fertility Systems

Dirk Zaaijer
Veterinair adviseur vruchtbaarheid en voeding

Telefoon (074) 3761302
E-mail: dirk.zaaijer@windonet.com

Diergeneeskundig fotograaf

Geert Bistervels
Fotografie van dieren, dierenzorg en diergeneeskunde

Telefoon: (0529) 43 42 43
E-mail: fotograaf@dierenarts.nl

Trefwoordenlijst

afkalven 61, 93
anatomie 18, 19
angst 27, 66, 67
attentielijst 10, 49
bedrijfsboer 81
beoordelen 8, 9, 52, 82
beschadiging 13, 66, 72
bevangenheid 40, 41, 71, 78
beweging 22
bewegingsscore 32
body condition score 59
borstomvang 85
buikvulling 23, 35, 51
conditie 35, 59, 90
conditiescore 23, 49, 59-61
conflict 27, 31, 39, 66
diarree 23, 86, 87
dominantie 27, 31
drinkbak 37, 58
droogstand 80, 90
droogstandgroep 91
energieopname 13, 49, 62, 63
gedwongen koeverkeer 78
gehoor 25
gewicht 28, 31
gezondheid 22, 82
graasgedrag 23, 24, 26
groei 85, 86
groeicurve 85
groepsbekappen 78
groepsgedrag 26
hakken 7, 65, 70
herkauwen 49, 52, 55
horens 27
hygiëne 43, 69
indicatordier 12
intentiebeweging 16, 66
jongvee 15, 84-89
jongvee-opfok 89
kalfziekte 13, 49, 63
kavelpad 14, 31
keratineplug 92
klauwbeschadiging 37
klauwen 31, 65, 69, 71
klauwgezondheid 31, 40, 41, 78
klauwscore 40
klauwstand 42, 71
klimaat 38
koegebonden kiemen 69
koeienboer 81
koelengte, -breedte 36, 81
koesignaal 6, 9, 45, 81
koeverkeer 78
koppelbekappen 78
koppelgedrag 26
koppelsignaal 12
kostenbespaarder 81
krachtvoergift 61
kreupelheid 33, 44
leren 88
leverbot 14, 24
licht 10, 25, 38, 65
ligbox 11, 43-46, 70
ligboxcomfort 35, 70
liggedrag 31
liggen 28, 43, 45
ligplaats 14, 30, 44
locomotiescore 32
longworm 13
luchtverversing 39, 45
mastitis 12, 72, 77
melk 72
melkproductie 21, 72, 77
melkput 64-75
melkrobot 57, 76-83
melkziekte 13
mest 49, 52
mestscore 53, 54
mestvertering 53
mortellaro 40, 41
norm 7, 45
normaalwaarde 22
omgevingskiemen 69
onderdanigheid 26, 27
ontwikkeling 35, 85
opstaan 28, 45
overgangsgroep 92
OZO 17, 47
pens 55, 89
pensscore 50, 52, 75
pensverzuring 44, 49, 57, 63
pensvulling 49-59, 75
persoonlijke ruimte 27
pijn 66, 83
pootscore 42
poten 28
rangorde 26, 27, 31, 36
rangordeconflict 26, 34, 35, 92
rantsoen 48, 52, 55, 61
restvoer 49
risicogroep 12, 62, 63, 84
risicomanagement 20, 76
risicomoment 15, 37, 84, 90
risicoperiode 15, 85
risicoplaats 14, 37
roosters 39
ruiken 25
selectie 49, 56
signaaldier 12
sociale rangorde 49, 63
speengezondheid 73
speenpuntvereelting 73
speenscore 74
stal 34-47
stinkpoot 40-42, 78
stootrandring 73
structuurgehalte 55, 79
succesfactor 20, 21, 79
techniekboer 81
temperatuur 83
tochtigheid 15, 29, 39
transitieperiode 90, 91
uierontsteking 13, 37, 63
uitkuilen 55
vaarzen 62
vacht 35
ventilatie 39
verkeersruimte 34, 36, 78, 81
vertering 48, 52
verteringsscore 53
vijf vrijheden 35
vliegen 30
vloeren 39
vluchtzone 27
voerhek 13, 14, 57
voernijd 26, 36, 57
voeropname 56, 57, 80, 91
voetbad 69, 79
vreetdrang 76, 80
wachtruimte 47, 78
water 58
weerstand 12, 15, 49, 79
weide 14, 22-33
weidegang 23
weideperiode 22
welzijn 30, 35
ziekte 83
zien 25
zintuigen 25

Agrarische uitgaven van Roodbont

U kunt deze uitgaven bestellen bij de boekhandel of direct via Roodbont.
Telefoon: (0575) 54 56 88,
E-mail: algemeen@roodbont.nl
Internet: www.roodbont.nl.

Bij bestellingen via Roodbont wordt per zending € 3,50 aan verzendkosten in rekening gebracht.

Boeren in balans

Praktijkgids voor een gezonde melkveehouderij. 'Boeren in Balans' gaat in op een bedrijfsvoering waarbij de kringloop bodem, plant en dier centraal staat. Dit betekent onder meer structuurrijk en eiwitarm voeren, aandacht voor het bodemleven en herwaardering van dierlijke mest.

ISBN 90-75280-44-0
96 pagina's, € 17,90

Melkers van morgen

Acht verhalen van boeren, hun koeien en hun kansen. Als pioniers van een duurzame melkveehouderij stomen de deelnemers van het project Koeien & Kansen hun bedrijf klaar voor de toekomstige wensen en eisen van de maatschappij. Melkers van Morgen inspireert en informeert melkveehouders om te ondernemen.

ISBN 90-75280-37-8
96 pagina's, € 17,90

Praktijkgids mest

Leidraad voor een optimaal mineralenmanagement voor veehouderij en akker- en tuinbouw. Met behulp van praktische informatie en concrete adviezen kunnen agrariërs de voordelen van dierlijke mest benutten en optimaal inspelen op de regelgeving.

ISBN 9075280-34-3
96 pagina's, € 17,90

Kuilen met kwaliteit

Handleiding voor een optimale graskuil. Hoe kun je dit proces verbeteren en de gegevens van voederwaarde-onderzoek interpreteren? Naast duidelijke achtergrondinformatie vertellen vijf veehouders hoe zij een optimale kuil realiseren.

ISBN 90-75280-27-0
96 pagina's, € 15,90

Praktijkgids gezond melkvee

Het bestrijden en voorkomen van para-tbc, BVD, salmonellose en leptospirose. Preventieve maatregelen krijgen veel aandacht. Samengesteld in samenwerking met de GD en LTO Nederland.

ISBN 90-75280-25-4
96 pagina's, € 19,90

ISBN 90-5897-108-2
144 pagina's full color, € 27,50
Verzendkosten: € 4,75

Bouwen aan boerderijen

Ideeënboek voor herstel en vernieuwing van oude boerderijen. Hoe pas je een boerderij aan naar je eigen wensen, met respect voor de historie? In dit boek komen de mogelijkheden uitgebreid aan bod. Centraal staan 38 persoonlijke ervaringen met het verbouwen van boerderij en erf. Het boek kwam tot stand naar een idee van Stichting 2003 Jaar van de Boerderij.

Ondernemersreeks

Sleutels tot Succes

Wegwijzer voor innoveren in de land- en tuinbouw.

ISBN 90-75280-41-6, 104 pag's, € 17,90

Bedrijfsbeëindiging

Wegwijzer voor bedrijfsbeëindiging in de land- en tuinbouw

ISBN 90-75280-36-X, 96 pag's, € 17,90

Overname & Opvolging

Wegwijzer voor bedrijfsopvolging in de land- en tuinbouw

ISBN 90-75280-35-1, 96 pag's, € 17,90

Tips en adviezen

Munt uit mineralen

Editie veehouderij

ISBN 90-75280-30-0
64 pagina's, prijs € 9,50

Winst uit water

Editie veehouderij

ISBN 90-75280-31-9
64 pagina's, prijs € 9,50

Efficiënt met energie

Editie veehouderij

ISBN 90-75280-32-7
64 pagina's, prijs € 9,50